The Social and Space:
The History and Contemporary Transition of German Urban Architecture

# 社会与空间：
## 德国城市建筑实践的历史与当代转变

杨舢 著

天津大学出版社

图书在版编目（CIP）数据

社会与空间：德国城市建筑实践的历史与当代转变 / 杨舢著 . -- 天津：天津大学出版社，2022.1

ISBN 978-7-5618-6554-5

Ⅰ . ①社⋯ Ⅱ . ①杨⋯ Ⅲ . ①城市建筑—研究—德国 Ⅳ . ① TU984.516

中国版本图书馆 CIP 数据核字（2019）第 290034 号

本书系国家自然科学基金面上项目（51878327）及江苏高校优势学科建设工程（城乡规划学）相关研究成果

SHEHUI YU KONGJIAN:
DEGUO CHENGSHI JIANZHU SHIJIAN DE LISHI YU DANGDAI ZHUANBIAN

| | |
|---|---|
| 出版发行 | 天津大学出版社 |
| 地　　址 | 天津市卫津路 92 号天津大学内（邮编：300072） |
| 电　　话 | 发行部：022-27403647 |
| 网　　址 | publish.tju.edu.cn |
| 印　　刷 | 廊坊市瑞德印刷有限公司 |
| 经　　销 | 全国各地新华书店 |
| 开　　本 | 285mm × 200mm |
| 印　　张 | 10.75 |
| 字　　数 | 260 千 |
| 版　　次 | 2022 年 1 月第 1 版 |
| 印　　次 | 2022 年 1 月第 1 次 |
| 定　　价 | 66.00 元 |

# 序 言

本书由七篇相对独立的文章组成,围绕着"社会""空间""城市建筑"三个主题展开。社会和空间的相互关系、城市建筑实践如何回应这一关系是这些文章的主要内容。

## (城市)建筑学是社会实践

(城市)建筑实践从来都不是建筑师的独角戏,多数时候他们甚至连主角都算不上,他们是城市空间的生产者,但并不是唯一的生产者。不同社会主体的诉求制约着房屋的设计和建造过程,他们可能是开发商、投资商、规划师,当然还有使用者。通过物质空间排布来回应和协调这些多元主体的多样诉求是建筑设计的主要工作内容。近年来,情境设计也成为建筑师协调社会关系的手段[1]。建筑师虽然是空间的生产者,但并非唯一的生产者。而且,建筑的社会性还不止于此。社会思潮会影响那些属于建筑自身权能的概念、意识形态、再现方式、图绘、模型。这些可被称为意识形态的空间再现,其本身就是社会思潮的一部分。在与其他实践、学科、制度相互依存、共同协作的过程中,建筑实践的边界和可能性会浮现出来。

以上提及的是(城市)建筑广义层面的社会性,它体现了列斐伏尔(Henri Lefebvre,1901—1991)的核心论断——"(社会)空间是社会产品"。但本书主要关心相对狭义层面的建筑社会性论述,即建筑实践应该如何促进社会公平和正义的问题。

I

在实现社会公平的进程中，建筑实践从未缺席。许多社会活动家都曾将设计和建造当作社会干预的重要工具。反过来，以社会公平为价值取向的专业活动也不断推进建筑学自身的发展，是学科进步的动力来源。历史上，社会公平的实现与建筑设计的革新相辅相成、互相促进的例子不胜枚举。比如，早期欧洲的空想社会主义者托马斯·莫尔（Thomas More）、约翰·瓦伦蒂努斯·安德烈（Johannes Valentinus Andreae）、托马索·康帕内拉（Tommaso Campanella）都描绘（设计）出其心目中理想之城的样式——莫尔的"乌托邦"、安德烈的"基督城"（Christianopolis）、康帕内拉的"太阳城"。到了 19 世纪，新一代的空想社会主义者，罗伯特·欧文和查尔斯·傅立叶也构想出各自的理想空间原型。傅立叶设计的法朗斯泰尔（Phalanstère）虽未实施，却成为后世诸多现代设计的基本原型，比如金兹堡（Moisei Ginzburg）与米里尼斯（Ignaty Milinis）的纳康芬住宅和柯布西耶的马赛公寓。这种试图以建筑实践实现社会公平的做法在 20 世纪 20 年代达至巅峰。在当时的理论家和实践者中流行着一种天真的物质决定论思想。他们相信建筑可以改良社会，甚至认为建筑是促成社会革命的利器。在这种乐观情绪影响下，德国包豪斯和大型住区实践、苏维埃构成主义、英国田园城市等众多有影响力的现代建筑流派涌现出来。

## 社会公平与城市建筑

但什么是公平和正义？这却是个难以回答的问题。从历史进程来看，社会公平不是个恒定值。随着时代变迁，它可以被不断重新定义和再次建构。比如，长期在现代伦理学说体系中占据优势地位的功利主义（utilitarianism）同时也是现代功能主义的哲学基础。然而功利主义为求得总体利益而简化个人差异的做法却抽离了幸福与快乐的丰富内涵，使其成为一串抽象的数字。即使这种总体幸福可以实现，它也不过是干瘪的、缺乏人性温度的幸福。更不要说，作为以结果为导向的目的论，功利主义在其最大化整体幸福值的过程中是允许牺牲少数人利益的 [2]。于是不难理解，为什么功能主义主宰的现代城市会充斥着单调乏味、机械刻板、缺乏历史认同感，究其原因，以数学平均主义为内核的功利伦理观的深层作用不可忽视。

时代变迁、空间和社会环境的差异都会影响社会公平内涵和外延的改变，城市最为集中和典型地呈现出这种影响。城市群体间的合作、竞争、规范、尊重、互助既是社会关系的主题，也是物质关系的主题。城市建筑的多样化形态具现了这些复杂的社会关系。

最能体现社会公平问题的城市建筑类型是住宅。住宅是联结社会关系的生产和再生产的重要枢纽。住宅的使用权分配、住宅面积大小、住宅处于城市什么位置、租金的高低，所有这些因素与社会关系协调和社会公平调节息息相关。本书第四章介绍了德国伯格维施建筑事务所与瓦格尼斯住宅合作社在住宅建设上的合作与探索。在这个案例中，住宅合作社拓展了住宅公平分配的渠道，而建筑事务所则让渡了设计权限，使更多主体有机会参与物质空间营造，在此过程中相应社会关系与群体认同一起得到巩固。类似的社会空间实践在遗产保护、微易更新、"设计—建造"运动等领域都有所体现。它们的社会性不仅体现在物质空间的公平分配上，同时还体现在合作社、公益型基金会、社区居民这些多元主体在采取集体行动时呈现出的主体性上。

除去狭义物质设计，社会政治制度是社会公平的基础。没有社会制度作为基础保障，仅靠建筑设计或各个主体单方面的努力无法达成真正有实效的社会公平。第三章以慕尼黑的土地和住房制度为例，探讨了德国是如何在制度层面为社会公平铺垫基础的。

本书以德国为主要研究对象，兼顾其他欧洲国家的案例研究。讨论欧洲社会公平问题时，不能忽视欧洲基督教传统的强大影响。基督教寻求实现普适、平等社会的理想在欧洲广为传播，历史悠久。新教改革后，这种观念进一步提纯和强化，并与现代社会民主主义、无政府主义、社会主义政治学说融为一体。自 19 世纪中期开始，德国社会已有很浓厚的追求社会公平的氛围。社会公平与阶层平等的观念开始牢牢占据德国社会的主流思潮，并在第一次世界大战后的魏玛共和国达到其初期的顶点。1919 年，魏玛共和国宪法通过了"财产权的社会义务"条款。这是魏玛宪法成为现代宪法的标志，同时也标志着德国"社会国"的立国原则以基本法的形式确立起来（见第三章讨论）。正是在这种背景下，德国得以成为当时欧洲新建筑运动的中心。广泛传播的社会公平正义思潮成为推动建筑进步的动力，当时的新建筑运动普遍带有追求实现社会公平的烙印。

## 内容简介

围绕着社会和空间两方面因素的交互影响，本书将从城市建筑简史、景观设计、住宅设计、制度建设等多个层面对德国城市建筑实践背后的思想理念与设计实践展开分析。书中所涉及的案例以德国为主，但不止于德国。全书主要章节的内容简介如下。

第一章　城市建筑简史：连接城市与建筑的努力

本章简要回顾了城市建筑的发展历史。城市建筑不等于城市设计，它是建筑师以设计师的工作方式来统筹城市问题的载体。从阿尔伯蒂提出"城市是大房子，房屋是小城市"论断开始，这种努力从未停止。在塞尔达（Ildefons Cerdà）开创现代城市设计学之前，城市与建筑是同构的。但在现代工业革命影响下，建筑和城市逐渐变成两个疏离的领域，原本属于建筑学的"房屋—空间组织"事务逐渐归属于新兴的城市设计专业，并成为市政工程师和城市规划师的专属任务，建筑学被限制在单体房屋设计的狭小范畴。尽管也有西特试图回归传统建筑学的努力，但这种回归很快被现代主义城市设计，特别是柯布西耶式的城市设计（urbanism）思想所取代。直至第二次世界大战后，城市建筑学传统在阿尔多·罗西、柯林·罗那里获得复兴。他们以类型学和历史主义的方法论为武器，批判现代主义城市设计人性化层面的缺失。近年来，受情境主义国际理论的影响，欧洲新兴城市建筑方法论试图以情境构建来拓展建筑学干预和影响城市空间构建的能力。

第二章 德国当代建筑实践的社会转向

跨入 21 世纪后，当代德国的建筑实践正经历着一场新的转向。这场以社会公平为价值取向的转向是对 20 世纪 70 至 90 年代实践潮流的反动。它们体现为"自我建造"和"开放体系"实践、微易建造、"设计—建造"运动、"寻求混合性和多样性的城市建筑"、社区式的城市更新、住宅合作社运动，以及难民安置房设计等模式。这种社会转向并非崭新之物，在德国建筑史上，建筑实践一直在"社会性"和"艺术性"的两极徘徊。这不是德国建筑实践的专有问题，而是建筑固有的内在矛盾。借用法国哲学家朗西埃（Jacques Rancière）的学说，我们可以将这种反复循环解释为建筑实践在"美学"和"政治"间的二律背反。

第三章 以社会公平为本的住宅与土地制度

慕尼黑是一个充满吸引力且持续发展的城市。不断增长的人口、有限的发展空间必然导致居住空间紧张且价格高昂。如何实现可负担住宅的广泛供给，同时保障稳定的生活品质，保证城市发展的可持续性是慕尼黑政府一直努力应对的课题。它所依靠的工具是一套完善而复杂的住宅与土地政策体系。本章简单介绍了这套制度体系的历史演进进程，国家与地方层面组成的政策和法律工具，目标群体和行动主体等内容。对于中国社会住宅建设和设计而言，德国制度的借鉴意义在于，尽管其社会住宅保障体系相当严苛，但这一制度仍给设计和规划留有余地，催生出许多高水平的设计规划作品。比如第四章介绍的伯格维施建筑事务所，即以社会住宅设计见长。甚至可以说，这种高品质的设计本身就是实现社会公平的一个方面，社会住宅不是品质低劣的同义词。不论是历史上还是当下，欧洲社会住宅领域都不乏设计精品。

第四章 从建筑自治到集体价值

伯格维施建筑事务所由建筑师利兹·利策（Ritz Ritzer）和莱纳·霍夫曼（Rainer Hofmann）于
1996 年共同创立，现已成长为慕尼黑知名建筑事务所之一。事务所设计风格多样而富有个性，目前
已完成近 50 余项城市设计与建筑设计作品，遍及德国。2016 年，由事务所和社区成员共同设计的
瓦格尼斯阿特项目获得了 2016 年德国城市设计奖。项目建成后获得广泛的好评，目前已成为德国
经济适用型住宅与社会合作社的讨论与研究的焦点。以对谈的形式，由项目主创莱纳·霍夫曼、尤
利乌斯·克拉夫科（Julius Klaffke）和作者介绍了该项目的设计理念、实施过程、与瓦格尼斯住宅合
作社的合作过程，并阐述了他们对建筑自治性、建筑师的权威、社会住宅设计等问题的看法。

第五章 场景城市

芒福德认为城市是"社会活动的剧场"。所有事务，包括艺术、政治、教育、商业，都是为了
让这个"社会戏剧更具有影响，精心设计的舞台能够尽可能突出演员们的表演和演出效果"[3]。作
为剧场的城市是芒福德写作中不断重复的主题。本章从这一主题出发，试图拓展城市建筑的外延。
公共空间和戏剧都是显现空间。布景城市和景观城市是常见的城市舞台形态。很长一段时间里，图
像化的视觉景观主导了这两种空间的形式。情境主义和空间行动主义反对这种图像化景观的空间形
式，他们以情境构建来激发城市人的主动性，让他们成为城市舞台的行动者，但却忽视了人选择自
由的权利。基于建筑和戏剧的美学本质的不同，本章提出"场景空间"和"场景城市"的概念，以
期修正图像景观和空间行动的缺陷，为城市和公共空间研究提供了一个新支点。

第六章 从"景观 2"到"景观 3"

慕尼黑被戏称为"百万人的大村庄"，这一说法从侧面体现了慕尼黑景观资源的丰富。慕尼黑
不仅以其数量众多、分布广泛的公园和绿地闻名于世，同时城市周边自然景色秀丽，连绵起伏的阿
尔卑斯山、高原台地、峡谷、湖泊久负盛名。丰富的景观资源与慕尼黑历史悠久的景观学相互促进。
在慕尼黑，人们能够找到景观学各个发展阶段的典型案例。景观产生的影响从一开始就是全局的、
整体的、奠定城市总体格局的。本章分别介绍了三个案例：18 世纪末诞生的英国花园，1972 年投
入使用的奥林匹克公园，以及 2011 年完成的伊萨尔河规划。这些景观作品代表风景园林学不同时
期的发展方向。借用景观设计学大师杰克逊的概念，这种转变可称为从"景观 2"到"景观 3"的

转变。在这种转变中，我们也可以清晰地看到风景园林学背后伦理观的转变——从一开始单纯的美学偏好转向生态和社会公平，从单一的造园艺术转向复合的环境营造科学。

第七章 社会性实践与专业伦理

研究德国实践的目的在于服务中国实践。他山之石，可以攻玉。相比于德国建筑在维护社会公平方面取得的成就，我国社会性建筑实践的提升空间仍然巨大。在当下中国，城市租赁型保障性住宅和乡村建设两个领域都有社会性实践突破的可能。在社会住宅建设领域，我国政府往往承担了土地和住宅的双重供给任务。这种做法既限制了社会主体参与城市建筑实践的积极性，也增加了政府的负担。而在乡村建设领域，在回应本地居民的真正需求，培养乡村本土发展能力，激发群众共同参与这些超越形式构建的事务上，建筑师在实践上鲜有触及，也没有做好知识上的准备。受资本驱动，乡村建设中盛行"小清新"式的设计风格。此外，在新技术浪潮的冲击之下，工具理性又一次支配了建筑和城市研究与实践。对中国的城市建筑实践而言，摆脱这种工具理性的专业伦理观或许才是社会性建筑实践的起点。

**注 释：**

[1] 例如德国建筑师沃夫隆（Sophie Wolfrum）和詹森（Alban Janson）提出联系行动主体、形式、空间的制造和感知的表演性关系（performativität）是建筑学重要工作。见 Sophie Wolfrum, Alban Janson. Architektur der Stadt[M]. Stuttgart: Kraemerverlag, 2016. 类似探索还有荷兰建筑师潘斯（Otto Paans）与柏林工大教授帕塞尔（Ralf Pasel），他们以情境构建的方式来开展荷兰乌特勒支一处 20 世纪 60 年代大型住宅区的社区复兴。见 Otto Paans, Ralf Pasel. Situational Urbanism: Directing Postwar Urbanity[M]. Berlin: Jovis Verlag, 2014. 此外，达姆施塔特工大建筑系城市设计教席教授格里巴特（Nina Gribat）在最近的一篇文章中也提到，设计需要同时考虑"物质与非物质"环境。见 Nina Gribat. Alternative Gestaltungsansätze in der Lehre von Städtebau und Urban Design[J]. Satdt Bauwelt, 2019, 221 (6): 18-23.
[2] 陈嘉映. 何谓良好生活：行之于途而应于心 [M]. 上海：上海文艺出版社，2015: 029-036.
[3] 路易斯. 芒福德. 城市是什么？ [M] // 许纪霖. 帝国、都市与现代性. 南京：江苏人民出版社，2006:191-198.

# 目 录

# 第一章　　城市建筑简史：连接城市与建筑的努力

　　如果将伊德方斯·塞尔达（Ildefons Cerdà，1815—1876）的巴塞罗那新城规划及其 1867 年出版的《城市设计通论》（*Teoría general de la urbanizacíon*）视作现代城市设计的诞生标志，那么或许可以说，也正是从此时起，建筑设计和城市规划开始分裂成两个疏离的领域。以物质形态设计为核心的传统建筑学逐渐丢失主导城市空间发展的权力。而新兴城市和空间规划学科则因科学实证方法论的广泛应用，在城市研究领域的话语权越来越大，城市和空间规划学科逐渐演变为诸多细分学科方向的集合，似乎只有这样才能更好应对现代城市社会的复杂性。然而，恰恰是这种逻辑实证主义主导的细密学科分化与僵硬科学原则削弱了人们在面对世界不可知状态时的判断力。当人们试图依据某种局部精确的实证逻辑来干预城市现实时，或许从一开始就陷入机械分解现实、抹杀各部分有机联系的窠臼。毕竟，无论是在内在机制的多样性和复杂性上，还是在机制与现象的对应性上，城市社会始终无法做到像纯粹客观的自然世界那样成为可控实验的观察对象。逻辑实证主义在人类社会的复杂性面前有着无法克服的先天缺陷。与此相反，被称为概念能力的判断力既是（广义）设计学的核心能力，也是人们对未来社会采取干预行动的核心能力。当城市规划与建筑设计彼此间距离越拉越大时，当规划学科的科学化逐渐丧失干预城市的能力时，城市建筑（städtebau，或者说城市设计）作为衔接城市规划和建筑设计中间领域的必要性就会显露出来。而在欧洲，建筑和城市学科的专业人士恢复城市建筑、统筹城市空间生产的努力从未停息。在此过程中，设计学的专业内核和外延不断游移和调整，被各个时期的实践者和理论家不断重新定义。

1

图 1-1　阿尔伯蒂《建筑论》1541 年版本的封面

## 城市与建筑的同构

　　城市和建筑的关系并非一开始就如此疏离。1485 年，阿尔伯蒂（Leon Battista Alberti，1404—1472）的《建筑论》（De re aedificatoria）在佛罗伦萨出版（图 1-1）。他书中的断言——"如果城市像是某种大房子，那么房屋就像是某种小城市"[1]18——被广为传播，成为人们认识城市和建筑关系的基本准则。在阿尔伯蒂这里，建筑和城市是同构的，两者之间是持续"分隔"（partio）或累积的关系（"累积"一词阿尔伯蒂用的是"拼凑"），建筑物是城市的持续分隔，城市则是建筑物的累积。"房间分隔本身将整座建筑物划分成各个部分……并且通过将所有的线和角安排进一个单一、和谐的作品而整合了它的每一部分，这一作品崇尚适用、尊严和愉悦。"[1]18 "房屋的分隔"是阿尔伯蒂看重的"建造艺术中的创造之力"，而决定建筑物累积、分隔是否和谐的关键是比例。比例不只是立面的几何学控制，同时还是实现建筑内外空间、建筑体、城市空间相互关系和谐的保障。

　　建筑与城市同构的理念主宰着西方建筑学的主流认知，直至进入现代以后，城市社会的一系列变化让同构关系难以为继。这样的变化可能是因为 19 世纪欧洲各国的封建财产所有权（尤其是土地权）的解体和私人土地权的引入，也可能是新兴资产阶级的崛起以及随之而来的城市公共和开放空间的需求，或者是工业化进程下现代市政和基础设施的空间需求及其对城市空间结构的挑战。种种时代条件的变化使得简单的城市建筑同构假说显得不合时宜。

## 现代城市设计学的萌芽

　　无论是在实践层面还是在理论层面，奠定现代巴塞罗那空间秩序的塞尔达对现代城市设计学成形做出了开创性贡献（图 1-2）。为了总结巴塞罗那城市扩展规划的一系列工作[2]，塞尔达在《城市设计通论》一书中创造了一个新的西班牙词语"urbanizacíon"。这个近似于英语"urbanization"

的词语当下的意思是"城市化"，但塞尔达当时却用它来指称那些和现代城市设计差不多的工作内容："城市设计（urbanizacíon）是对建筑物的安排，它使建筑物相互间产生联系，以此帮助市民们实现相遇、自助、自卫、互助。城市设计促进了一般的大众福祉和健康，却不损害人们的利益。"[3]21塞尔达进而指出："城市设计是所有关于如何预先安排建筑物的知识、原则和规范。"[3]21

在塞尔达所处的时代，工业化浪潮的帷幕已在欧洲全面拉开。因其市政工程师背景，塞尔达对新兴工业文明的能量有着超出常人的清晰认知。借助相关知识，他有能力在巴塞罗那扩建规划中对城市空间和建筑物做出更系统的安排，能够从超越个体建筑物的视角去考虑更大范围的全局性事务，比如建筑物相互关系的安排。

实际上，我们所熟悉的那些 19 世纪发展起来的伟大城市，其城市空间秩序的奠定者很少是建筑师。除了塞尔达的巴塞罗那，还有奥斯曼（Baron Georges Eugène Haussmann）的巴黎，或西米恩·德·维特（Simeon de Witt）、古弗尼尔·莫里斯（Gouverneur Morris）和约翰·拉瑟福德（John Rutherford）的曼哈顿。塞尔达是市政工程师，奥斯曼是当时巴黎塞纳区的行政长官，德·维特等人则是测量工程师。

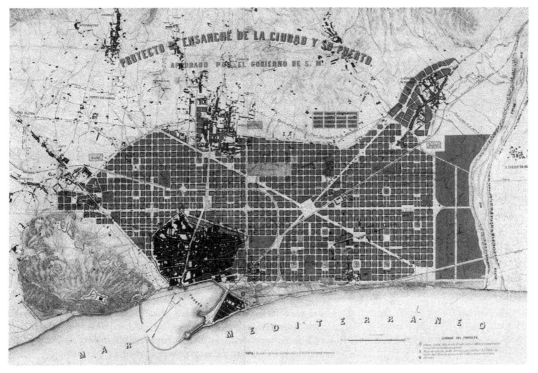

图 1-2 塞尔达规划（Cerda Plan）。巴塞罗那扩展区（the Eixample district）由 900 个大小一样的街块组成，每个街块边长 113.3 米，四边倒角 45°

## 作为学科术语的城市设计和城市建筑

英语中的 "urban design" 一词演变成独立的专业术语其实是相当晚的事。1943 年，艾伯克龙比（Patrick Abercrombie，1879—1957）和福肖（John Henry Forshaw，1895—1973）在大伦敦规划报告中曾提到第二次世界大战前伦敦的 "城市设计水准很低"（low level of urban design）。20 世纪 50 年代，城市设计议题开始出现在美国建筑师和规划师的学术讨论中。英语学术界第一个以城市设计为主题的学术会议于 1956 年在哈佛大学召开，与会者包括芒福德、雅各布斯、格鲁恩（Victor Gruen）、埃德蒙·培根等。会议的组织者塞特（Jose Luis Sert）借此机会宣布城市设计是一个新的学术领域，他定义其为 "关注城市的物质形式，是城市规划的一部分" [4]。

相对而言，欧洲其他语言中与城市设计、城市建筑相关的术语出现得比较早。比如，我们所熟知的 "urbanism"（都市主义、城市主义、城市设计）实际是法语 "urbanisme" 的英文变体。这是个容易引发误解的术语。英语等语言中带有 "-ism" 后缀的词语多和 "意识形态" "教条学说" 等含义有关。但 "urbanism" 有些特殊，它来自法语 "urbanisme"，其原意就是指城市设计，与 "urban design" 意思相近。而城市规划的法语表达是 "aménagement urbain"，直译过来就是 "都市整治" "都市布置" 的意思。除了 "城市设计" 这一含义，"urbanism（e）" 在少数情况下还有 "城市化" 的含义。而在路易斯·沃斯（Louis Wirth）1938 年发表的著名论文《作为一种生活方式的都市生活》（*Urbanism as a Way of Life*）中，"urbanism" 实际上又是指一种都市生活状态 [5]。

大体类似于法语的情况，西班牙语和意大利语的 "urbanismo" 意指 "城市建筑" "城市设计"。同样意指城市设计的还有前面提到的塞尔达使用过的 "urbanización"。这些术语大多出现在 19 世纪中后期，它们共同的词根是 "urban"。拉丁语 "urb" 词根泛指文雅、富有教养的样式化行为模式，可以帮助陌生人相遇时形成有教养的、文明的、礼貌的交往环境。我们常说的 "城市性"（urbanity），它的社会基础就是这类行为模式，它们在城市公共空间中有最为集中浓缩的呈现。法语、意大利语、西班牙语中的 "城市设计" 隐含了有形建成环境和无形社会文化及行为模式两方面的综合。

和法语、意大利语、西班牙语一样，德语和荷兰语相当于城市设计的术语 "Städtebau" "Stedebouw"，它们也大致出现于 19 世纪末期。当时德国、奥地利、瑞士、荷兰等国家正大步跨向工业化，城市普遍处于急速扩张的状态。以城市建设、建筑物关系为研究对象的新专业范畴—— "Städtebau" ——开始出现于这一时期。如果按照德语字面意义理解 "Städtebau"，其词意与我们平时理解的 "城市设计" 稍有差别。"Städte" 是 "Stadt" 的复数形式，意为 "城市"，而 "Bauen" 意为 "建造" "建设"，指制造、改变、拆除建筑物、基础设施、绿化设施的活动。两词组合起来意思就是 "城市建设" "城

DER

# STÄDTE-BAU

NACH SEINEN

## KÜNSTLERISCHEN GRUNDSÄTZEN.

EIN BEITRAG ZUR LÖSUNG
MODERNER FRAGEN DER ARCHITEKTUR UND MONUMENTALEN
PLASTIK UNTER BESONDERER BEZIEHUNG AUF WIEN

VON

ARCHITEKT

CAMILLO SITTE

REGIERUNGSRATH UND DIREKTOR DER K. K. STAATS-GEWERBESCHULE IN WIEN

MIT 4 HELIOGRAVUREN UND 109 ILLUSTRATIONEN UND DETAILPLÄNEN.

DRITTE AUFLAGE.

VERLAG VON CARL GRAESER & CO.

WIEN 1901.

LEIPZIG BEI B. G. TEUBNER.

图 1-3 卡米诺·西特《遵循艺术原则进行城市建设》的书名页，维也纳，1901 年版

NACH KÜNSTLERISCHEN GRUNDSÄTZEN.　171

图 1-4 为维也纳环形大街所作的城市设计。《遵循艺术原则进行城市建设》，维也纳，1901 年版

市建造"[3]19。

## 遵循艺术原则的城市建设

19 世纪末在德语文化区"Städtebau"术语的流行与多部城市建筑（城市建设）论著的出版密切相关。1876 年包迈斯特（Reinhard Baumeister，1833—1917，德国工程师、城市规划师）出版了《技术、房屋管制、经济关系中的城市扩建》（*Stadt-Erweiterung in technischer, baupolizeilicher, und wirtschaftlicher Beziehung*），成为当时德国大学建筑专业的学生的必读书目和教材。1877 年迈尔腾（Hermann Maerten）出版了《视觉比例与造型艺术的审美视觉实践和理论》（*Der Optische Maassstab oder die Theorie und Praxis des ästhetischen Sehens in den bildenden Künsten*）。斯图本（Joseph Stübben，1845—1936，建筑师、城市规划师）1890 年出版了百科全书式的《城市建筑》（*Der Städtebau*），全书第一版出版时多达 561 页，有 857 幅图纸、13 幅图，内容极其翔实丰富。后来再版过程中，书的内容被一再充实，成为德语区建筑师的工作手册和参考书[6]98-99。

这一时期最具影响力的著作是维也纳建筑师卡米诺·西特（Camillo Sitte，1843—1903）1889 年出版的《遵循艺术原则进行城市建设》（*Der Städte-Bau nach seinen Künstlerischen Grundsätzen*）。值得注意的是，原书对"Städtebau"的处理。作者在"Städte"和"Bau"之间加上一个连字符，似乎有明确"城市建筑"或"城市建设"的意图（图 1-3、图 1-4）。

在西特看来，他所处时代的欧洲城市建设单调乏味，缺乏品位，违背了亚里士多德所提倡的"一座城市的建设应该能够给它的市民以安全感和兴奋感"原则[7]18。他认为"单靠工程技术人员的科学知识不足以完成这一使命，我们还需要艺术家的天才。在古代，在中世纪，在文艺复兴时期，美好的艺

术处处受到尊重，只是在我们这个数学的世纪，城市建设和发展才蜕变成了纯技术问题"[7]19。西特试图从古代欧洲城市建筑的处理中抽取出某些可以适用于所有时期和各种风格的永恒原则[6]97。这种想法在当时相当普遍，同时代的艺术史学者，如沃尔夫林（Heinrich Wölfflin）[8]、李格尔（Alois Riegel，1858—1905）[9]，也试图从古代欧洲的绘画、雕塑中找到某些永恒原则。为了获取这种艺术原则，西特剖析了大量古代欧洲城市开放和公共空间的实例，书中有 4 幅黑白版画、13 幅速写、96幅细部平面。尤其是这 96 幅细部平面，几乎是以同样的比例完成的。书中的实例大多来自西欧，以意大利的古城居多。西特的"普适的原则"聚焦于"产生和谐效果的构图要素"，它们"其一，能够摆脱现代方块式和行列式建筑体系；其二，尽可能多地保留古代城市遗迹；其三，在我们今后的创作中更接近古代典范的理念"[7]19。

西特的学说对当时德语区的城市建筑学实践产生了很大的影响。西特和高克（Theodor Goecke，1850—1919，建筑师、城市规划师）共同创办了《城市建筑》（Der Städtebau）杂志，传播自己的城市设计理念。在亚琛执教的海里奇（Karl Henrici，1842—1927，建筑师、城市规划师）主持德绍（1890 年）和慕尼黑（1891—1893 年）的扩建规划时就大量运用了西特的原则。另外，创办和执掌慕尼黑工大城市建筑与区域规划教席（Lehrstuhl für Städtebau und Regionalplanung）的菲舍尔（Theodor

图 1-5 受西特影响的埃里尔·沙里宁（Eliel Saarinen）1917年所作的大赫尔辛基规划鸟瞰图

Fischer，1862—1938）尊称西特为"现代城市规划之父"。透过菲舍尔的传播，波那兹（Paul Bonatz，1877—1956）[10]、布鲁诺陶特、格罗皮乌斯、奥德（J. J. P. Oud，1890—1963）[11] 这些 20 世纪现代建筑运动的代表人物或多或少都受到了西特学说的影响[6]101。西特的学说还对黑格曼（Werner Hegemann，1881—1936，著名的现代规划师、建筑评论家）、舒马赫（Fritz Schumacher，1869—1947）[12] 等人产生了间接的影响。他的学说甚至还影响了当时正在兴起的田园城市实践。厄尔温（Raymond Unwin，1863—1940）和帕克（Barry Park，1867—1947）的莱切沃斯（Letch Worth）和韦林（Welwyn）新城实践中就有西特的影子（图 1-5）。

西特身处于西方城市现代化进程正拉开帷幕的时代，城市世界正在经历一场全尺度、全方位的"空间关系的重塑与空间规模的转变"[13]116-126。它们发生在建筑、城市、甚至是区域和国家层面。其影响既出现在物质空间层面，同时也出现在社会层面、心理层面、政治和文化层面。从这层意义来看，美式式、图像式、绘画式城市建筑原则的盛行是信仰古典原则的建筑师对现代城市生活巨变和紊乱的抗拒与补偿。在当时的城市设计学说中，西特的著作是比较系统也比较有深度的，但这种绘画和图像式的城市建筑原则已脱离了当时的城市发展态势。

## 科学主义的城市建筑方法论

各种学科知识的理论体系的科学实证化是现代社会的重要标志，即使城市和建筑领域的知识和理论也不例外。如果不涉及具体技术事务，城市建筑领域的科学化很大程度上只是些脱离具体经验的形式化存在，但在更加体系化和数学化的知识成为唯一理性和严肃现实解释的时代背景下[14]11，这种形式化不仅不可避免，而且还以史无前例的尺度和深度影响着世界的现代空间生产。

在强大的现代性导致的改变面前，西特理论徒有些回光返照般的光彩。现代社会组织架构越来越精巧，现象越来越复杂，变化越来越快，如果仅仅依赖中古时代遗留的艺术原则就想改善推进城市空间品质，未免带有些堂·吉诃德般的幼稚和古板。

以维也纳为例，第一次世界大战前维也纳作为奥匈帝国的首都同时还是欧洲的文化首都。从1853年维也纳的环城大道（Wiener Ringstrasse）建设开始，维也纳提供了大量城市建筑的实践机会，成为当时众多富有才华的建筑师施展抱负的实验场[6]103。对当时许多建筑师产生重要影响的西特学说，也通过这些建筑师在维也纳城市建筑实践中有不少体现。但是，从19世纪中期到20世纪初期，维也纳的重大项目多是些林荫大道、地铁、河道改造类的市政工程，象征性的大型建筑已不再是城市空间大规模扩张建设的主角。随着接受工业技术范式的建筑师开始主导维也纳城市建设，并进而反思绘画式城市建筑理念，属于西特的时代很快就过去了。

与西特同时代的瓦格纳是这群观念转变建筑师的代表。1893年，瓦格纳赢得了维也纳"总体控制规划"（General-Regulierungs-Plan）竞赛的一等奖（另一位一等奖的获得者是斯图本）。虽然这一规划并未实施，但瓦格纳却借此机会深度参与了维也纳诸多市政建设项目的城市设计。他设计了包括维也纳地铁郊区线（Heiligenstadt-Penzing）、维也纳多瑙河河谷线（Hütteldorf-Heiligenstadt via Hauptzollamt）以及城市第二区的地铁线（Hauptzollmt-Praterstern）等线路的全部建筑设计工作。工作内容包括高架桥桥梁、剖面、外廊。此外，他还设计了近36个地铁站点（图1-6）。

瓦格纳受过的综合技术教育使他能够主动迎接并适应新技术带给城市的挑战和改变。值得注意的是，这种改变不是对挑战的局部适应，它实际上是城市建筑原则的根本性转变，其结果是科学主义的城市建筑方法论的兴起。

相对西特学说的古典性，所谓的"现代"建筑理论有着明显的代数化和函数化特点。数学确定性在现代工业社会成为应对复杂性和不确定性的最高真理。建筑理论数学化的早期巅峰是 17 世纪法国人杜朗（Jacques-Nicolas-Louis Durand，1760—1834）的类型学理论。杜朗的理论充满了现代建筑师的强迫观念，它由一些排他的强迫性法则组成，杜朗也有意回避哲学和宇宙观念[14]4。基于杜朗的理论，森佩尔（Gottfried Semper，1803—1879）于 19 世纪中期提出了建筑形式数学式生成原则，清晰地表明了将设计过程类比于代数方程式解答的观点。其中，变量是建筑设计必须考虑的多层次现实，而设计的结果则是这些变量构成"函数方程"（functional）的解答[14]7。

建筑和城市理论的科学化（或者说代数化和函数化）最后凝结成现代主义功能主义学说。功能主义学说兴起的初期恰好与实证主义方法论的兴起重叠，这并非是巧合。佩雷兹-戈麦兹指出："一旦建筑学接受了实证科学范式，它就得被迫放弃传统美术（fine arts）的角色，（由于）缺乏诗意的（poetic）内容，建筑学要么被迫削减成乏味的（prosaic）[15] 技术程序，要么仅仅是装饰。"[14]11 西特就是这样的典型。他致力于恢复城市建设的美术传统，却对现代城市发展的种种问题视而不见。当新的替代性理论体系冒出来以后，西特学说的先天不足让其走向了影响力式微的境地。

图 1-6 奥托·瓦格纳，维也纳学院大街城市地铁候车厅设计，1898 年

## 机器时代的城市设计方法

取代西特学说的是柯布西耶鼓吹的城市设计方法论。当以柯布西耶为代表的现代主义建筑先驱展开城市建筑实践时，他们的言说和实践表现出明显的科学主义色彩。尽管以真正的逻辑实证主义标准来衡量，它们至多只是涂抹了一层科学主义的油彩，其内在实质仍然延续的是传统的设计方法论。

早在 1928 年瑞士拉萨拉兹（La Sarraz）召开的国际现代建筑协会（CIAM）第一次代表大会上，"urbanism"是柯布西耶所拟定 6 个议题中的一个（6 个议题分别是：现代建筑表现；标准化；卫生；城市设计；小学教育；政府与现代建筑的关系）[16]14。大会中发生了一个小插曲。与会的 24 位代表分别来自 8 个欧洲国家，但大致可以分成说德语、持社会主义思想的左翼建筑师，如恩斯特·梅（Ernst May）、雨果·汉宁（Hugo Häring）、汉斯·施密特（Hans Schmidt）、汉斯·迈耶（Hannes Meyer），以及说法语的、立场相对自由的柯布西耶、安德烈·卢卡特（André Lurcat）等。围绕着拉丁词"urbanisme"的使用，与会者之间发生了争执。汉宁认为公众对理解"urbanisme"一词会有困难，而柯布西耶和卢卡特则坚持在法语文件中使用"urbanisme"。最终的德语文件用"城市和区域规划"代替了"urbanisme"[16]25。这一小争执反映出，即使在当时最前沿的研究者和实践者那里，对城市设计、城市规划、城市建筑各学科领域的界定及需解决问题的判断仍有相当明显的混淆和重叠。作为新兴学科，城市设计仍需要人们不断推进其界定工作。

CIAM 第一会议发表的宣言如此定义城市设计（urbanism）："城市设计的对象是所有共同生活的组织，它同时涵盖了城市聚居区和乡村……先前存在的唯美主义（estheticism）已经无法调节城市化（urbanization）的进程，它们的本质在于功能秩序。"[16]25 关于"功能秩序"，宣言进一步如此界定："这一秩序由三种功能组成：居住、生产以及放松（物质的维持）。它们的基本目标是土地划分、交通管制、建设法规。"[16]25 在 CIAM 后续的几次会议中，"三大功能"逐渐发展成"功能城市"学说，扩展为"居住、工作、游憩、交通"四大功能，并在 CIAM 第四次会议上以《雅典宪章》的形式予以公布。

"功能城市"理念有相当明显的数学色彩——通过将城市分解成四个变量，城市设计和规划成为四个变量组成的不同函数方程式的解答。柯布西耶曾在自己的著述《光辉城市》中清晰地表述他对城市设计方法科学化，或者说对城市设计方法数学化的理解："此时此刻，我们已经做出伟大城市的构想，在那些图纸上，人类幸福成为现实，并通过一系列数字、公式和合理计算的设计表达出来；方案中，城市明确可见、形态完整、功能合理，机器时代已经成为生活一部分的新技能，一样也不缺。"[17]89

然而，跨入现代城市领域的现代主义建筑师仍明显受制于或坚守着他们的专业特点。如果将柯布西耶 1920、1930 年所作的"当代城市"和"光辉城市"构想与公认的现代城市规划奠基人霍华德所作的田园城市图解做个简单对比（图 1-7、图 1-8），就能够看到建筑师所作的规划与规划师所作的规划在思维与工作方法上的差异。田园城市示意图表达的是主城与卫星城市间的抽象关系，但光辉城市的图解几乎是精确的建筑群平面图，有明确的道路、绿地、轴线、房屋平面的组合关系，如果完全按照此图施工建造一座新城也不是不可能。柯布西耶的工具箱仍然是古典建筑式的——比例、

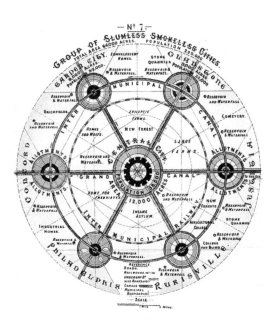

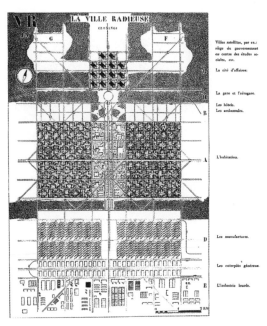

图 1-7 埃比尼泽·霍华德，田园城市图解，1898 年　　　图 1-8 勒·柯布西耶，光辉城市平面图，1930 年

几何图形、轴线等。他把城市设计定义成"一门三维空间的科学，每一个维度都与其他两个维度相关。它不是一门三维的科学，市政厅的官员却这么实施它，学校里的教书匠也这么传授它。如果不考虑高度，任何平面上的讨论都毫无意义。这就是解决所有问题的关键所在"[17]194。（重点号为作者所加。）

　　由此可见，柯布西耶认定"urbanism"必须在三维层面开展工作。这种三维立体性和人的知觉属性相关。如果我们认为广义设计学的工作平台是知觉，设计师在知觉层面探索人与世界的空间关系，并诉诸知觉手段来实现对现实的干预，脱离了这一平台，其工作方式不能被称为"设计"，那么柯布西耶的工作（urbanism）仍然是城市设计，他处理城市空间的方式仍保留了明显的设计烙印。当然，在回应现代城市问题时，直接依赖具体经验的工作方法已然捉襟见肘，无法对复杂现实问题给出有效回应和解答。此时，将复杂城市关系抽象成二维空间关系的规划方法比设计方法更具有研究效力。于是，由科学实证主义武装起来的现代规划逐渐取代传统设计，担当起为现代城市铺设空间秩序的重任，即柯布西耶所说的二维科学。因此不难理解，为何现代城市规划（urban planning）只是在霍华德开辟的领域开枝散叶，发扬光大。脱离了具体知觉经验的田园城市运作方式或许是原因之一。而柯布西耶称其为"科学"的，是否真的符合科学标准则另当别论了。

　　比西特幸运的是，柯布西耶有机会在现实中实现他在"当代城市"和"光辉城市"中提出的那些工业城市设计原则。独立后的印度政府以大张旗鼓的现代化城市建设来彰显民族自信心，树立新印度形象。昌迪加尔成为印度政府和柯布西耶的共同机会，它是一座完全按照柯布西耶的方案贯彻实施的新城（图1-9）。然而，昌迪加尔是一次失败的尝试，柯布西耶的设计并没有为新城带来想象中的繁荣和活力，它不能代表本地民众的共同理想。柯布西耶花样繁多的手法和

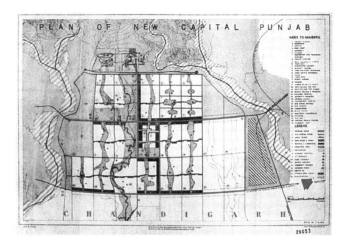

图 1-9 勒·柯布西耶，昌迪加尔新城规划总平面，1951 年

诸多空间元素的安排（广场、林荫道、水池、绿地）与其说在促进空间、人的互相联系，不如说是种种阻断。昌迪加尔设计的失败宣告了 20 世纪二三十年代 CIAM 和柯布西耶所倡导的城市设计乌托邦的幻灭。在面临城市顽强而不可控的日常性和无政府主义状态时，科学主义乌托邦显得毫无准备并束手无策。在第三世界城市，日常性和无政府主义状态呈现得越强烈，那么现代主义设计理念的窘迫状态也就越明显。

## Team 10 的结构主义实践

挑战和质疑柯布西耶和 CIAM 功能城市的声音首先来自年轻一代建筑师。1953 年，在法国小城艾克斯 – 普罗旺斯（Aix-en-Provence）举办的 CIAM 第九届大会上，CIAM 发生了重大的分裂。年轻的建筑师，如史密斯夫妇（Alison & Peter Smithson）、凡·艾克（Aldo van Eyck）等对功能主义城市的原则以及建筑设计和城市规划两个领域相互脱节的问题提出挑战。在后来的一篇论文中，凡·艾克提出，"用建筑设计的方法思考城市和用城市规划方式思考建筑设计，现在正当其时"[18]344。阿尔伯蒂式的城市建筑学传统似乎开始回归。

然而，尽管叛逆色彩强烈的年轻人在挑战老一辈权威上热情巨大，但他们的理论主张并不清晰，实践上的准备也不充分[19]754。甚至在具体处理城市问题时，构成反叛主体的 Team 10 成员多多少少脱离不了老师柯布西耶的影响。例如，设计伦敦金巷的集合住宅（Golden Lane Housing）时，史密斯夫妇借鉴了柯布西耶马赛公寓"内街"（Rue intérieure）处理。金巷住宅项目中内街被处理成宽达 4 米的空中悬挑街道。在 1956 年"首都柏林"（Hauptstadt Berlin）的城市设计竞赛中（图1-10），

史密斯夫妇设计了一套相互重叠但却又明确分离的城市交通网络系统，包括汽车、步行以及原有中世纪形式的城市道路系统，这种机动车和步行交通彻底分离的做法同样也要归功于柯布西耶和《雅典宪章》的原初构想。

此外，巨构体系（megastructure）和茎干结构也是 Team 10 城市建筑实践的明显标识。例如巴克马（Jaap Bakema，1914—1981）[20] 1962 年设计的波鸿大学校园，1963 年设计的特拉维夫新城，都展现出对巨构体系的强烈偏好。坎迪里斯（Georges Candilis）、约西奇（Alexis Josic）和伍兹（Shadrach Woods）1962 年为法国小城图卢斯设计的新城勒·米雷尔（Le Mirail）更是典型的巨构建筑。坎迪里斯、约西奇、伍兹模仿自然界河流、树枝、叶脉的分叉体系，精心设计了茎干状的街道体系（图 1-11），并试图以此形成一种模拟自然生长的状态。建筑师希望用茎干结构为图卢斯新城提供一种可生长的弹性，新城未来的空间可以沿着不断分叉的茎干和枝条不断扩充添加（图 1-12）。新城的公共空间则以户外走廊的形式得以延续，这种处理和史密斯夫妇的金巷规划类似 [21]15，其原型同样可以追溯至柯布西耶的马赛公寓或金兹堡的"纳康芬"住宅设计 [22]。

坎迪里斯、约西奇、伍兹力图突破现代主义城市设计过于机械的空间布局理念，试图创造一种

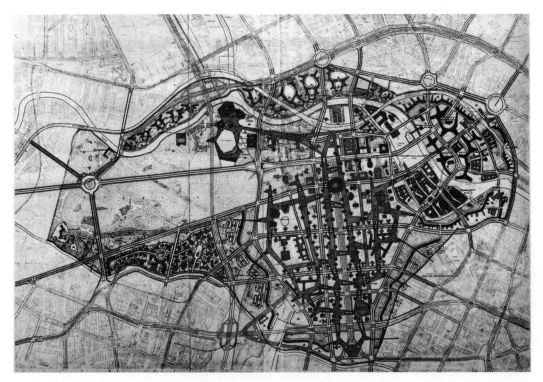

图 1-10 史密斯夫妇与彼得·西格蒙特（Peter Sigmond），首都柏林设计竞赛，1957—1958 年

促进人际交往和互动的新城生活，但他们的设计理念并未完全摆脱现代主义决定论的影响，图卢斯外围的这座新城也未摆脱变成单一睡城的卫星城命运。建筑师们显然缺乏对城市活力和日常生活内在机制的认识。相比之下，由于没有先入为主的专业局限，同时代的简·雅各布斯（Jane Jacobs，1916—2006）能够敏锐而准确地把握住城市生活的内在真谛。雅各布斯学说的关键的一点在于，富有活力的城市生活无法完全经由物质空间的设计来获得。

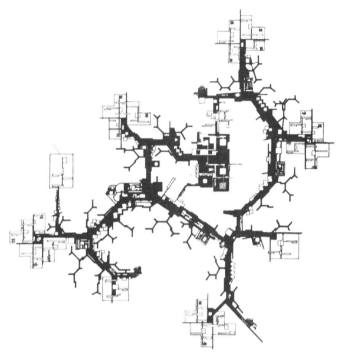

图 1-11 图卢斯新城勒·米雷尔的茎干结构步行系统，1961 年

## 城市建筑与类型学

同一时期，对现代主义更为系统的质疑来自意大利建筑师阿尔多·罗西。在 1966 年出版的《城市建筑学》（*L'architettura della città*）绪论中，罗西一开始就开宗明义地点名了全书的主题——"城市是本书的研究对象，它在此被理解为建筑"[23]23。

图 1-12 从东面眺望图卢斯新城的南面部分

罗西把城市理解为人造物体，是历时发展起来的建筑或工程作品[23]36。罗西有时会用"人造物"（意文为"fatto urbano"，英文为"urban artefact"）来指称城市建筑。城市人造物含义宽泛，它不仅指城市某一有形物体，还包括它所有的历史、地理、建造以及与城市总体生活的联系[23]26，它是锚固历史的自治结构。"城市建筑物"或"城市人造物"由两类主要元素（经久实体）组成——纪

念物和集合住宅。前者指大型公共建筑物，是城市空间结构形式和功能上的关键点。后者组合成为居住区和城区，构成城市主体。两种主要元素都具有某种永恒性，是城市变迁中的固定元素，它们是经过众人经年累月的大量劳动完成的人造物，凝结着人类的想象力和集体记忆力（图 1-13）[23]43。

罗西的思想资源大多来自 20 世纪初期法国文化地理学、社会学、哲学、城市历史学的进展，包括法国城市历史学家拉夫当（Pierre Lavedan，1885—1982）[24]、博埃特（Marcel Poëte，1866—1950）[25]和美国城市历史学家芒福德（Lewis Mumford，1895—1990）[26]都对罗西的思想产生了重大的影响。其中，法国哲学家、社会学家莫里斯·哈布瓦赫（Maurice Halbwachs，1877—1945）[27]"集体记忆"学说影响最大。哈布瓦赫认为社会群体与其所生活的外在环境紧密关联。一方面，群体关于其外在环境的意象以及两者的稳定关系会渗透到群体的意识，调节并支配群体意识的演化；而同时，社会群体会将其每一历史阶段转译成空间语汇，他们的生活就是这些空间语汇的黏合，而只有群体成员才能领会场所的这些细节[28]。社会群体与其空间环境间的相互关系通过场所与集体记忆相互关系的形式存续于城市人造物这一时间—空间实体。

罗西不是历史学家，他的本意并非寻找城市发展的历史规律，他更关心如何利用这种规律来恢复城市建筑凝结人类情感和想象力、营造场所的能力。建筑类型（type）是其中的关键。作为一种抽象的建筑原则，建筑类型是经过历史进程提纯出来的物质类型，它根植于人的需求和美学观念，但其具体显现依赖于特定的历史和社会现实。借助城市类型学这一工具，建筑师能够恢复被现代主义实践长期抑制的那些城市品质——个性、场所、设计、记忆等[23]43。

图 1-13 罗西"类比城市"，1976 年

罗西的类型学观点受意大利建筑师穆拉托利（Saverio Muratori，1910—1973）影响很大。

穆拉托利是早期用类型—形态学（type-morphology）方法开展城市形态学调查研究的先锋人物。而穆拉托利的思想又来自 19 世纪法国建筑理论家、考古学家昆塔梅尔 – 德昆西（Antoine Chrysostome Quatremère de Quincy，1782—1857）的类型学影响。罗西书中引用了德昆西的类型定义：" '类型' 这词不是指被精确复制或模仿的形象，也不是一种作为模范（model）规则的元素……艺术模范是一种物体，是必然依样复制的物体。而类型则正好相反，人们可以在其基础上构想完全不同的作品。模范中所有一切都是精确和给定的，而类型中所有部分却多少是模糊的。因此其结果是，对类型的模仿需要情感和精神……" [23]43（译文有调整。）

因此，类型是城市世界的持存要素，它有自治性，独立于政治演化、文化影响、技术准则、气候条件乃至功能要求。它因其独立性区别于那些风格和装饰的元素。但它的影响力却透过空间安排、立面分隔、地块划分等呈现出来 [21]814。通过《城市建筑学》和他自己的实践，罗西展示了一条从分析到设计、从已有元素研究到新要素创造的设计可行逻辑。罗西试图把他的城市建筑学界定为一种科学，从中人们掌握超历史的客观规律后，即使不依赖个人艺术创造能力也可以设计出富有质量的城市建筑作品。

从 20 世纪 70 年代开始，罗西理论对欧洲城市建筑实践产生了影响，欧洲逐渐形成了一套"类型—形态学"（type-morphlogy）的实践潮流。无论是南欧的意大利，还是北欧的荷兰，包括德国和法国 [29]，类型—形态学城市建筑方法既是流行于高校和研究者中的研究手段，也是盛行于建筑师实践的设计方法。在意大利、法国、奥地利这些历史传统深厚的国家，类型—形态学的城市建筑研究方法有许多拥趸。在意大利，格里高蒂（Vittorio Gregotti）赢得 1969 年巴勒莫（Palermo）"北面新区"（Z. E. N., Zona Espansione Nord）的设计竞赛。在新区的城市设计中，格里高蒂的团队不仅用醒目的城市建筑符号来标示北部地区的城市发展，同时还要激活巴勒莫密集的阿拉伯式老城区的发展。为此，他的团队展开了大量城市类型学和形态学研究，并将研究应用到新区中 [21]818。罗西的学说也影响了奥地利建筑师克利尔兄弟（Robert & Leon Krier）。他们以传统街道和广场组合的城市骨架系统为基础来探索旧城更新和新城建设的可能。不仅如此，他们还在实践中结合了西特理念。在斯图加特内城更新、柏林南弗里德里希城（Neuordnung der Südlichen Friedrichstadt in Berlin，1977—1980 年）、汉堡 – 阿尔托纳老普菲尔德市场（Neuordnung des Alten Pferdemarkts in St. Pauli Nord in Hamburg-Altona，1978—1981 年）等项目中，他们大量运用这种混合的设计原则。只是，克利尔兄弟过于绝对的历史主义观念又将其实践带入了一种僵化的困境。

## 拼贴城市与碎片城市

从罗西开始，历史主义的城市建筑方法论发展到 20 世纪 70 年代已成为一种压倒性的潮流。这股潮流中，建筑理论家柯林·罗提出的"拼贴城市"学说稍有不同。不满于现代主义运动中的决定论和极权主义色彩，柯林·罗认为城市由一块块不断加建的城市建筑碎片拼贴而成。柯林·罗在《拼贴城市》的附录部分给出了一些"碎片"或者说城市建筑类型，它们包括了"值得记忆的街道"（爱丁堡的王子大街、柏林的菩提树下大街）、"稳定源"（巴黎的孚日广场、维杰瓦诺的杜卡乐广场）、"潜在的无穷段落"（雅典的阿塔罗斯柱廊、威尼斯总督府）、"壮观的公共台地"（佛罗伦萨的米开朗基罗广场、维琴察的蒙特·贝利科广场）、"模糊整块的建筑群"（慕尼黑旧城的皇宫、维也纳的皇宫城堡）、"怀旧之源"（卡纳维拉尔角的火箭发射场、拉斯维加斯的街道）。

柯林·罗强烈反对现代主义都在热衷的那种自由单体式城市建筑布局方式。在名为"实体的困境：肌理的危机"的章节中，柯林·罗把靶子对准了这种平面模式的始作俑者柯布西耶[30]50-85。他将柯布西耶为法国小城圣迪耶设计的第二次世界大战后新城方案与意大利传统小城帕尔马的图—底平面相互比较（图1-14、图1-15），或是将哈罗新城、伏瓦生计划、莫斯科苏维埃宫的平面与佛罗伦萨的乌菲奇美术馆、巴黎卢浮宫、阿斯普伦德设计的府邸平面并置在一起。通过这种新旧城市建筑黑白图底的鲜明反差，柯林·罗的立场和态度一目了然。

图1-14 帕尔马城黑白总图

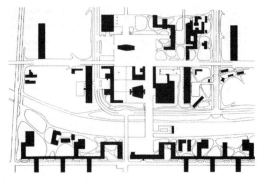

图1-15 圣迪耶总平面

柯林·罗在《拼贴城市》中重构了一套历史折中主义的学说。如果对比20世纪70年代发表的《拼贴城市》与20世纪20年代出版的《走向新建筑》，可以发现两书有很多共同点。它们都敏锐地捕捉了时代精神（zeitgeist），都有华丽的修辞和富有洞见的思想，但修辞的华丽和睿智的局部见解却掩盖不了两位作者整体逻辑上的紊乱与意识形态上的偏激。经过近50年的发展，历史发生了轮回，又走向其反面。

与柯林·罗的理论建构相呼应，翁格斯（Oswald Mathias Ungers，1926—2007）可算是拼贴城市实践者。翁格斯是德国建筑第二次世界大战后的代表人物，同时也是Team 10的外围成员。他曾长期执教于柏林工大建筑系。1965—1967年，翁格斯以客座教授的身份执教于康奈尔大学，并于1969年正式成为康奈尔大学教授。从1975

年到 1986 年退休，他还一度担任了康奈尔大学建筑系系主任一职。也正是这段时期，他结识了同在康奈尔任教的柯林·罗。从两位大师的理论和实践来看，他们之间少不了频密的思想交流和学术上的相互影响。

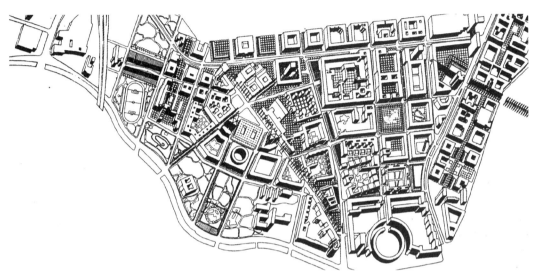

图 1-16　翁格斯，柏林南弗里德里希城城市设计方案，轴测平面，1977 年

翁格斯的主要观点可以总结为"碎片城市"（Stadt der Fragment），即城市由诸多历史碎片组合而成。"碎片城市"的理念和柯林·罗的"拼贴城市"的说法差别不大。在 1977 年提交的柏林南弗里德里希城（die Berliner Südliche Friedlichstadt）的城市设计计划中（图 1-16），不同于克利尔的绝对乃至僵化的历史主义态度，翁格斯并不主张完全恢复柏林南城老城区原初的巴洛克状态，而是代之以局部关键点的干预与修复。通过选择一些关键的城市建筑和城区可以形成控制西柏林的空间骨架，这些城市建筑不只是高雅的纪念物，也可以是人们熟知的从日常生活中萃取出来的代表性城区。他为此提出了一个"城市中的城市"（Die Stadt in der Stadt）的概念模型（图 1-17）[31]。他认为通过精准的新建筑干预，可以使老城丰富的、充满故事的历史变得鲜活且清晰可辨。而这样的干预也会赋予城市前所未有的多样性。当然

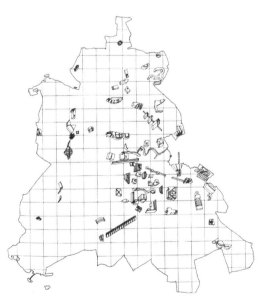

图 1-17　翁格斯，"城市中的城市"

多样性不是一种自由的发明，它来自对已有状况的研究，或至少来自自我构想的概念程式。从中推导出具体干预模式的过程也不是任意而为的，其过程受制于精准的类型与形式规则[21]826。

## 情境城市与建筑城市学

情境主义国际（Situationist International）大致兴起于 20 世纪 50 年代，它被称作最后的先锋运动，是一个混杂了马克思主义、达达主义、超现实主义各类影响的艺术与政治流派。它以城市为游戏场和对象，开拓出一条完全不同于历史主义的新城市建筑实践方向。

所谓情境，中文也称作处境，是各种情况的相对的或结合的境况——不论是运动还是感觉中身体和事物的短暂接触还是深思熟虑地处理事情时，我们都会遇到这些境况。用海德格尔的话来说，情境是在世存在（In-der-Welt-sein）所处的基本客观事实。它们是事态（是某物完全地或以某种方式）、程序（应该是或可能是某物）、问题（是否是某物）三方面含义组成的整体的、混沌的、繁杂的意蕴（Bedeutsamkeit）[32]62。

意蕴不可拆分成单独含义。从情境的角度来看，城市空间是一种独特的情境经验。不同的场所，不同的处境，有不同的体验。城市中心区的情境和城市郊区的情境不能混为一谈，坐在车上的情境和步行的情境又是两码事。情境体验关系到人的行为动机和行为模式。从这个角度来看，情境不是外在于主体的绝对客观事物，它是包含并联结主体和客体的混沌空间秩序。

情境说为城市建筑摆脱历史主义的束缚，为建筑方法论向城市回归创造了条件。以情境构建为起点，德国建筑师沃夫隆（Sophie Wolfrum）与詹森（Alban Janson）提出了新的"城市建筑"说，试图将建筑式情境构建延伸到城市的情境构建中，并以此完成建筑城市学（Architektonischer Urbanistik）方法论的建构。除了情境主义国际和空间生产的理论，他们的理论构建同时基于意大利哲学家、符号学家艾柯（Umberto Eco, 1932—2016）[33]的建筑论断。艾柯认为，"如果建筑是一门艺术，那它在于空间的连接"（Wenn die Architekture die Kunst ist, Räume zu artikulieren）[34]326。在这一论断中，艾柯用"articulate"一词精准地传递出空间设计的主要任务。它有四种含义：①"清晰地吐（字），清晰地发（音）"；②明确有力地表达；③使成为系统的整体，使相互连贯；④用关节连接（连接，铰接之义）[35]。含义③最接近空间设计的任务，但其他几个意思也或多或少与空间设计的操作有关。如果建筑是连接空间的艺术，使空间成为系统整体并相互连贯，那么将建筑限制在房屋单体就不合情理了。建筑设计作为一种文化表达，是对空间关系的全面设计。而这种全面设计不限于单纯的物质设计，还包括形式、行动主体、空间的制造和感知之间的表演关系的全面设定 [36]9。从空间连接的角度理解建筑设计（空间也须从列斐伏尔"空间生产"的角度去理解）为建筑方法回归城市创造可能，因为无论是建筑还是城市本质上都可以被理解成空间情境设计。在空间情境中，除去凝固成形式基质的房屋实体，还包括运动中的人、他们日常和政治的行动、他们的感知和诠释的共同参与 [36]10。

## 设计思维的复兴与方法的再定义

将城市建筑（städtebau，城市设计）视作衔接城市规划和建筑设计中间领域的观念已成为德语区城市设计学界的共识。2019 年德语杂志《建筑世界》（*Bauwelt*）出版了以城市建筑教育为主题的一期专刊。在社论中，主编盖培尔（Kaye Geipel）和克林拜尔（Kristen Klingbeil）借用了柏林工大建筑系对城市建筑的定义："城市设计（城市建筑）是介于建筑学、城市和区域规划，以及景观规划、环境设计之间交接区域的专业活动领域（Tätigkeitsgebiet im Schnittfeld）。" [37] 其他执掌重要大学城市设计教席或主持重要城市的城市设计工作的学者和建筑师也表达了相同的观点，比如，苏黎世高工城市建筑教席教授克里斯蒂安斯（Kees Christiaanse）、布鲁塞尔首席城市建筑师波埃特（Kristiaan Borret）、维也纳工大场所空间规划与城市发展规划教席教授绍伊文斯（Rudolf Scheuvens）等等 [38]。

强调城市建筑作为衔接城市和建筑的中间领域的观点是对当今城市学科领域过于严苛的"分层原则"（Absichtungsprinzip）和"容器思维"（Containerdenken）的修正。所谓"分层原则"和"容器思维"，按照盖培尔的说法，是指僵化区分室内设计、高层建筑、城市设计、城市规划、区域规划的专业方向，相互之间不允许越界的做法，这种思维方式折射出陈旧的工业分工逻辑 [39]。现实中，这样细密的专业划分和"容器思维"反而削弱了人们对日趋复杂的现实的判断力，因为将世界切分成若干次级问题的做法并不能提升我们未来行动的判断力，而对未来的决策和判断永远只会在掌握片面和不完整信息的条件下做出 [40]。以知识的不断分叉来应付整体世界的复杂性其实与设计思维是背道而驰的。

因此，恢复城市建筑学统筹解答复杂问题和创建空间秩序的设计权能（competence）成为学界的另一共识，诸多学者也表达了相似的观点 [38]。只是对设计自身的定义，人们的意见并不统一。2014 年 5 月，九名德国学者发表了题为《城市优先！》（*Die Stadt zuerst!*）的"科隆声明" [41]。这份声明同样着眼于恢复设计创建城市空间秩序的权能。更确切地说，声明的作者希冀在大学教育中恢复和强化所谓的"城市建设艺术"能力，即空间形式设计能力。从文本的措辞和主旨看，西特城市建设艺术理念又再度回归，这种保守姿态在德国城市建筑界激起了巨大的反响和讨论，其中不乏激烈的批评和反对声音。许多批评者对声明中传递出的对陈旧单一秩序的眷恋倾向很不以为然，认为它实际上回避了当今复杂现实及空间的拼缀状态。"科隆声明"提出城市建筑的"二数乘法表"（Einmaleins des Städtebau）是城市建筑教育的基础，这种"二数乘法表"包括设计城市整体尺度和具体城市空间所需的"街道、广场、街块、住宅"[41]。对此，批评者就认为，由"街道、广场、街块、住宅"组成的"二数乘法表"肯定非常重要，但对今天的城市而言，这种"二数乘法表"无法满足探究各种城市模式、断裂、多元理性的要求，我们需要更新的、更高阶的"数学方法"[42]13。

由此，城市建筑的设计权能是否适配于现代城市复杂性的矛盾转变成对设计方法论的重新界定。面对技术不断迭代的快速演化的当代社会，单纯着眼于形态操作的传统设计学已不能满足空间秩序构建的要求，城市建筑设计学的内涵和外延需要重新界定。达姆施塔特工大城市建筑教席教授格里巴特（Nina Gribat）的思考，或许可以作为思考的起点。格里巴特认为，"物质和非物质环境并重""作为过程的城市""担负社会责任和多元主体"这几个方面构成了新的另类设计方法论的核心[43]。

首先，城市建筑的任务不仅在于赋予空间形式，同时也负责"不可见"关系的塑造。城市建筑的设计对象不可能是一块"白板"（Tabula Rosa），任何设计都始于已存关系。城市建筑的干预除了改变物质形态，也需要回应和调整社会经济关系、生态系统、传统习俗、基础设施等一系列关系。探索物质与非物质之间的联系，并将之与设计策略联系起来，是新的设计方法需要首先考虑的事情。

其次，过去三十年来快速城市化和城市企业主义导致了一步到位的终极愿景观念的盛行。但大尺度、大投入的重大项目多数时候非但没有一蹴而就地改变城市，反而留下诸多后遗症。作为过程的设计策略意味着对城市发展正常规律的尊重——城市发展需要时间。持续的中小尺度的干预可以修正终极愿景观念的不足。对城市建设各过程阶段的引导和控制、开放城市空间的临时与过渡使用、开放城市更新的过程并保持某种实验性，甚至强化与多元主体的合作都可视为以过程为主导的城市设计方法体系的一部分。

最后，设计方法还要回归到伦理和价值观层面。什么是设计师和规划师的伦理价值？谁从城市项目中获益，谁又被排除在外，谁来主导设计？这类问题会在每个具体的实践项目中浮现。区别于过去市场利益价值取向下的设计与规划模式，城市建筑需要承担其应有的社会责任，应该更多考虑多元主体和利益相关者的诉求。反过来，社会主体间的利益冲突和需求也可以成为推动设计和城市发展的驱动因素。假若将城市设计发展成一个公共平台，吸引多元主体参与设计过程，激发他们的创造力，这种做法本身就赋予了设计先天合法性。

当我们总结和梳理以德语地区为代表的欧洲城市建筑百余年的简史时，可以看到建筑设计和城市规划学科间鸿沟的逐渐增大，也可以看到百余年来科学实证的方法对城市学科的巨大影响。出于对这些问题的反思，才会有现今德语地区城市建筑、城市规划学者的争论，他们试图恢复设计学对城市问题的话语权，试图重新衔接和融合城市规划与建筑设计的分离关系。这些努力的重心会因时代变化和主导问题变化而有所倾斜，但核心的问题始终会关联到设计学内在本质上。本章所介绍的只是所有这些努力中的一小部分。

空间情境设计是建筑设计的任务的理念，扩展了建筑设计的影响范围。这一理念颠覆了物质决定论的局限。Team 10、柯林·罗或许对物质决定论的局限和危害有所警惕，但是他们却未能在方法论上给出有效的解决方式。基于空间情境的建筑设计方法论同时也破除了僵化历史主义带来的局限，把人们拉回到现实中，可以直面当下的问题。

伴随着情境主义在 21 世纪的复兴，许多建筑师从传统的物质空间构建中跳脱出来，成为空间情境设计师。例如，所谓城市微易更新正在传统偏重实体建造的建筑模式和偏重于政策引导、制定规范的城市规划模式之间开辟一个新的空间生产模式。他们并不执迷于设计承载象征符号的庞大物质空间实体，也无意于重构城市总体空间结构，或是一头跳入过于顶层的政策设计中，他们更在意自下而上的空间处境、社区结构、微易环境的更新和提升（图 1-18、图 1-19、图 1-20）。虽然和结构、可持续性、经济型、功能、基础设施，或某种强大结构相关，但这类空间情境设计更专注于空间本身品质，专注于清晰且连贯的空间连接。就此而言，它们既属于建筑范畴，也属于城市范畴，是一种新型的城市建筑学。

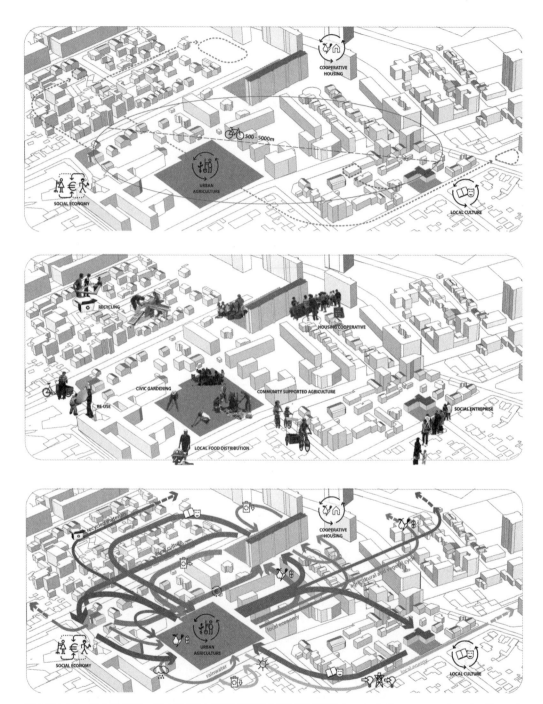

图 1-18（上）、图 1-19（中）、图 1-20（下）共同生产基于公共性的社区韧性（co-producing commons-based resilience）
注：谢菲尔德大学建筑学院与法国 AAA 事务所（Atelier D'architecture Autogérée）共同合作开展微易更新。两个团队以生态—城市设计（Eco-Urbanism）为手段，通过协同废物排放、物资利用、协作经济等形式来重建一个基于公共性的富有韧性和团结的社区。

# 注 释：

[1] 莱昂·巴蒂斯塔·阿尔伯蒂.建筑论：阿尔伯蒂建筑十书[M].王贵祥，译.北京：中国建筑工业出版社，2016.

[2] 1855 年塞尔达已经为巴塞罗那扩展规划做了一个初步勘测并绘制了巴塞罗那第一张精确地图。1859 年，巴塞罗那举办了"扩展区（Eixample）"规划竞赛。虽然塞尔达的规划获胜，但市议会选择了安东尼奥·罗韦拉·特里亚斯的规划方案。马德里中央政府给予塞尔达规划以支持，1860 年，在中央政府的批准下，塞尔达计划再次获得通过。

[3] Dieter Frick. Theorie des städtebaus: zur baulich-räumlichen organisation von stadt[M]. Berlin: Ernst Wasmuth Verlag Tübingen, 2006.

[4] http://www.udg.org.uk/about/what-is-urban-design

[5] 路易斯·沃斯.作为一种生活方式的都市生活 [J].赵宝海，魏霞，译.都市文化研究，2007(1): 2-18.

[6] Vittorio Magnago Lampugnani. Die stadt im 20. Jahrhundert: visionen, entwürfe, gebautes (Band I)[M]. Berlin: Verlag Klaus Wagenbach, 2010.

[7] 卡米诺·西特.城市建设艺术 [M].仲德崑，译.南京：江苏凤凰科学技术出版社，2017.本文按照德语原意将之翻译成《遵循艺术原则进行城市建设》。

[8] Heinrich Wölfflin, 1864—1945。瑞士著名的美学家和美术史家，西方艺术学的创始人。他的导师是 19 世纪最伟大的文化史和艺术史学家雅各布·布克哈特。他的学生中有著名的现代建筑理论家西格弗里德·吉迪恩。

[9] Alois Riegel, 1858—1905。19 世纪末 20 世纪初奥地利著名艺术家，维也纳艺术史学派的主要代表，现代西方艺术史的奠基人。

[10] Paul Bonatz, 1877—1956。斯图加特学派代表人物，代表作为斯图加特中央火车站。

[11] Jacobus Johannes Pieter Oud, 常简写为 J. J. P. Oud, 1890—1963。荷兰风格派运动的代表人物。

[12] Fritz Schumacher, 1869—1947。德国建筑师与城市设计师，汉堡的城市总建筑师。

[13] 大卫·哈维.巴黎城记 [M].黄煜文，译.桂林：广西师范大学出版社，2010.

[14] Alberto Pérez-Gómez. Architecture and the crisis of modern science[M]. Cambridge, Massachusetts: The MIT Press, 1983.

[15] Prosaic 又可译为散文，在西方文化和哲学中，"prosaic"与"poetic"是两个对立的概念。"prosaic"一词除去有散文的意思，同时也有庸俗、枯燥的含义。相反，"poetic"则与诗意、艺术、自由的生存意志关联起来。

[16] Eric Mumford. The CIAM discourse on urbanism[M]. Cambridge, Massachusetts: The MIT Press, 2000.

[17] 勒·柯布西耶.光辉城市 [M].金秋野，王又佳，译.北京：中国建筑工业出版社，2010.

[18] Aldo van Eyck. "Versuch, die medizin der reziprozität darzustellen,"[M] // Architektur_theorie.doc.texte seit 1960. Gerd de Bruyn and Stephan Trüby eds., Basel, Boston, Berlin: Birkhäuscr, 1960. 转引自 Alban Janson Florian Tiggers. Fundamental Concepts of Architecture: The Vocabulary of Spatial Situations[M]. Basel: Birkhäuser, 2014.

[19] Vittorio Magnago Lampugnani. Die Stadt im 20. Jahrhundert: Visionen, Entwürfe, Gebautes (Band II)[M]. Berlin: Verlag Klaus Wagenbach, 2010.

[20] Jaap Bakema，1914—1981。荷兰现代建筑师。Team 10 的主体成员。

[21] Tom Avermaete."图卢兹城区扩展，1961—1971，坎迪里斯－约西奇－伍兹"[J].冯江，江嘉伟，编译.建筑师，2011(152): 17.

[22] 纳康芬（Narkomfin）是一座位于莫斯科的集体宿舍。设计师是金兹堡（Moisei Ginsburg, 1892—1946）和米利尼斯（Ignati Milinis, 1899—1974），大楼设计建成于 1929—1932 年。作为社会主义新生活的一次尝试，纳康芬的设计彻底贯彻了共产主义的家庭理想。设计的主要原则是集体化所有可以集体化的功能，包括阅读、儿童抚养、运动、厨房与餐厅，所有传统资产阶级公寓所配备的功能都被移出居住单元，顶层安排了日光浴、屋顶花园，底层架空，其余所有集体化功能都被安置在长条形公寓的副楼内，包括图书馆、厨房、健身房、幼儿园等。

而个人的空间只安排了睡眠、洗漱、厕所以及个人的研究空间。单元以错层方式布置，由于底层架空，这幢住宅只有五层用于居住，但只有第二层和第五层有公共廊道。副楼的公共空间通过二层的廊道和主楼的居住单元联结起来。二层和五层的公共廊道被有意放大成"内街"。设计者原意也是以此来强化住户之间的公共交往。柯布西耶曾赴莫斯科参观过纳康芬并与金兹堡等人有所交流。普遍认为，马赛公寓的设计是受纳康芬的影响和启发。

[23] 阿尔多·罗西. 城市建筑学 [M]. 黄士钧, 译. 北京: 中国建筑工业出版社, 2006.

[24] Pierre Lavedan, 1885—1982. 代表作为《城市设计史》(Histoire de l'urbanisme)。

[25] Marcel Poëte, 1866—1950. 法国历史学家、图书馆学家、城市规理论家，代表作为《从诞生到现在的巴黎》(Paris de sa naissance à nos jours)、《城市生活》(Une vie de cité)。

[26] Louis Mumford, 1895—1990. 美国历史学家、科学哲学家、文学评论家，代表作为《城市发展史》《技术与文明》。

[27] Maurice Halbwachs, 1877—1945. 法国哲学家、社会学家。社会学家涂尔干的学生，代表作为《论集体记忆》《集体记忆》。

[28] Maurice Halbwachs. The collective memory[M]. New York: Harper & Row, 1980.

[29] 意大利这一流派代表人物包括穆拉托利、坎尼吉亚（Gianfranco Caniggia, 1933—1987, 穆拉托利的追随者）、罗西等；法国类型—形态学代表是凡尔赛建筑学派（Versailles School of Architecture）。Jean Castex、Philippe Panerai、Jean-Charles Depaule 等人构成凡尔赛建筑学派的核心；英国代表是城市规划师 M. R. G. Conzen 以及 20 世纪 80 年代成立于伯明翰大学的城市形态研究小组；荷兰则以代尔夫特理工大学为代表，包括 Rein Geurtsen、Bernhard Leupen、Sybrand Tjallingii、Lies Boot 等人。参见 Department of Urbanism, L. van den Burg, ed. Urban analysis guidebook: typomorphology [M]. Delft: Delft University of Technology, 2004.

[30] 柯林·罗. 拼贴城市 [M]. 童明, 译. 北京: 中国建筑工业出版社, 2003.

[31] Wilfried Kühn. Die stadt als sammlung[M] // Andres Lepik ed. O. M. Ungers – Kosmos der Architektur. Ostfidern, 2006. 转引自 Wilfried Kühn. Die stadt in der stadt[J]. ARCH+, 2007 (183): 51.

[32] 杨舢. 氛围的原理与建筑氛围的构建 [J]. 建筑师, 2016 (181): 62.

[33] Umberto Eco, 1932—2016. 意大利哲学家、符号学家、文学批评家、小说家。

[34] Umberto Eco. Einführung in die semiotik[M]. München: GRIN Verlag, 1972.

[35] 陆谷孙. 英汉大词典（第二版）[M]. 上海: 上海译文出版社, 2006.

[36] Sophie Wolfrum, Alban Janson. Architektur der stadt[M]. Stuttgart: Karl Krämer Verlag, 2016.

[37] Kaye Geipel, Kristen Klingbeil. Guter unterricht bewirkt offenbarungen [J]. Satdt Bauwelt, 2019, 221 (6): 1.

[38] Kees Christiannse. Meine definition von urban design und städtebau [J]. Satdt Bauwelt, 2019, 221 (6): 24-25. Kristiaan Borret. Mehr Cité, weniger Ville! [J]. Satdt Bauwelt, 2019, 221 (6): 26-27. Kaye Geipel und Kristen Klingbeil im Gespräch mit Martina Baum, Philine Meckbach, Juan Pablo Molestina, Markus Neppl, Christa Reicher und Rudolf Scheuvens. Teaching the city—ist die lehre der stadt an den hochschulen der stadt an den hochschulen noch zeitgemäß? [J]. Satdt Bauwelt, 2019, 221 (6): 32-43.

[39] Kaye Geipel. Stadt lehren, aber wie? [J]. Satdt Bauwelt, 2019, 221 (6): 16-17. Kaye Geipel et, al. Teaching the city—ist die lehre der stadt an den hochschulen der stadt an den hochschulen noch zeitgemäß? [J]. Satdt Bauwelt, 2019, 221 (6): 32-43.

[40] Sophie Wolfrum. Porosität als urbanistische agenda [J]. Satdt Bauwelt, 2019, 221 (6): 54-55.

[41] http://www.stadtbaukunst.de/publikationen/positionspapiere/koelner-erklaerung/ 声明的签署者包括科隆建筑部门主管 Franz-Josef Höing、多特蒙德工大教授 Christoph Mäckler、卡尔斯鲁厄理工教授 Markus Neppl、斯图加特大学教授 Franz Pesch、多特蒙德工大教授 Wolfgang Sonne、凯泽斯特劳滕工大教授 Ingemar Vollenweider、亚琛理工教授 Kunibert Wachten、汉堡高级建筑主管 Jörn Walter、多特蒙德工大退休教授 Peter Zlonicky。

[42] Björn Severin et, al. Debatte zur kölner erklärung [J]. Bauwelt, 2014(42): 8-16.

[43] Nina Gribat. Alternative gestaltungsansätze in der lehre von städtebau und urban design [J]. Satdt Bauwelt, 2019, 221 (6): 18-23.

## 图片来源：

图 1：https://it.wikipedia.org/wiki/Leon_Battista_Alberti

图 2：https://i2.wp.com/neverwasmag.com/wp-content/uploads/2019/04/Plan-Cerdá-Barcelona.jpg?ssl=1

图 3：Vittorio Magnago Lampugnani. Die stadt im 20. Jahrhundert: visionen, entwürfe, gebautes (Band I)[M]. Berlin: Verlag Klaus Wagenbach, 2010：95.

图 4：同图 3，103.

图 5：同图 3，102.

图 6：同图 3，106.

图 7：Winfried Nierdinger. L'Architecture engagée: manifeste zur veränderung der gesellschaft [M]. München: Architekturmuseum der TUM, 2012:121.

图 8：同图 3，397.

图 9：Vittorio Magnago Lampugnani. Die stadt im 20. Jahrhundert: visionen, entwürfe, gebautes (Band II) [M]. Berlin: Verlag Klaus Wagenbach, 2010：720.

图 10：M. Risselada Team and D. V. D. Heuvel. Team 10 1953-81: in search of a utopia of the present [M]. Rotterdam: NAi Publishers , 2005: 76.

图 11：Colin Rowe and Fred Koetter. Collage City. Basel.Boston [M]. Berlin: Birkhäuser Verlag, 1997: 59.

图 12：同图 10，168.

图 13：同图 9，812.

图 14：同图 11，88.

图 15：同图 11，89.

图 16：同图 9，825.

图 17：Wilfried Kühn. Die Stadt in der Stadt[J]. ARCH+, 2007(183): 51.

图 18：Donia Petrescu, Constantin Petcou & Cornelia Baibarac. Co-producingcommons-based resilience：lessons from R-Urban [J] Building Reseach & Information, 2016, 44(7): 722-723.

# 第二章　　德国当代建筑实践的社会转向

2005 年 11 月，出身于东德的安格拉·默克尔第一次当选为德国总理，从此开启了她连续十几年的总理生涯。默克尔的不断连任并未将德国政局定格于政治光谱的中右端，她治下的联邦政府一直在政治光谱的中间偏左和中间偏右的两面徘徊。本属例外的"大联合政府"组合反成为政治常态[1]。德国政局表面稳定下暗流涌动，折射出世界格局和德国社会自身的变化。从 2008 年开始，接踵而至的金融危机、欧元危机、中东政治变局及其难民危机既冲击着德国社会心理也影响着政治格局和权力构成。信息技术、智能技术、物联网等新兴技术的广泛应用在带来巨大便利的同时，也让人们更难以把握现实的逻辑。未来在何方，似乎让人有点茫然。

如果将最近十余年当代德国建筑实践放在这一时代背景下考察，不难看出其明显的社会转向。不断更迭的社会进程重新定义了建筑师的角色和建筑实践的范围。"自我建造与开放体系"、"微易的空间干预"、"设计—建造"运动、"住宅合作社运动"、"社区式空间更新"、"难民安置所"等一系列新实践模式成为学界讨论和公众关注的焦点。在这些实践中，建筑师让渡出设计的主导权，邀请未来使用者共同完成空间创造，把工业化进程中分离的"设计"和"建造"过程重新联结起来，将物质建造和社区营造叠加在一起。

## 社会性消长与当代社会转向

20 世纪以来，在德国现代建筑史上，曾出现过两次明显的、以社会价值为取向的实践潮流：第一次出现于第一次世界大战结束后的 20 世纪 20 年代，主要是以德国包豪斯、大型住区实践、苏俄构成主义为代表的左翼意识形态主导的建筑潮流；第二次是第二次世界大战结束后的五六十年代，涌现出许多反抗现代主义僵化教条的实践，以"情境主义""Team X""建筑乌托邦""新陈代谢学派"为代表。

谈及当代德国建筑的社会转向，无法切断它们与百年前包豪斯运动的联系。今天，我们可以毫不犹豫地断定包豪斯是一场以推动社会变革为己任的建筑革命。它对于当今德国建筑实践的影响显而易见。例如，"设计—建造"运动延续了包豪斯重视设计与生产相互协同的教育传统。但更重要的是，今天的德国建筑实践继承了包豪斯最根本的实践精神，即对"设计改变社会"这一命题的自觉。一百年来，这种自觉从未在德国实践中中断。即使是社会环境发生巨大改变的今天，德国建筑师们仍然在用自己的实践追问并回答"设计如何改变社会""改变后的社会将会是怎样的"。

本文所指的社会转向直接对应于 1970—2000 年的德国建筑实践。经历过两次社会性运动后，在 20 世纪的最后三十年，社会性实践的能量逐渐耗尽。这种衰落不太明显的一个标志是，70 年代成为盛产理论的年代。经历过 1968 年学运狂热的建筑师在抽象的理论建构和哲学话语中找到避风港。背后隐藏的真实问题其实是第二次世界大战后凯恩斯主义、福特主义式社会生产模式的难以为继。1972 年，围绕着美国圣路易斯的普鲁伊特 – 伊戈（Pruitt-Igoe）社会住宅的拆毁，建筑学的注意力很快被卷入后现代主义、解构主义等抽象学说的旋涡中。

建筑社会性衰减的第二个特征是明星建筑师制和签名建筑的盛行。就像好莱坞的明星制一样——只有不断挖掘明星，并保障明星的持续影响力，才能维持大规模的电影工业、商业和金融资本主义的有效运转。类型电影、电影评奖体系、大工业生产体系、制片人中心体系、明星制等相辅相成，共同维系着文化工业生产 [2]。而建筑产业更甚于电影工业，它将文化和地产两部分领域结合起来。1979 年诞生的普利兹奖可以说是新自由主义体系下，建筑行业的工商、金融资本主义的自然需求。在不断加速的全球化进程中，建筑设计行业已是城市营销的重要环节。担负着标识制造和形象塑造重任的签名建筑越来越流行。1997 年，盖里的毕尔巴鄂古根海姆博物馆落成。以之为标志，这类以形象塑造为主要目标的建筑实践模式在 20 世纪末达至巅峰。

在德国和其他欧洲国家，21 世纪伊始，以库哈斯为代表的实用主义和以瑞士建筑师为代表的极简主义实践似乎成为驱动建筑创新的新动力。彼时中国和新兴国家的新生代建筑实践也会偶尔闯入德国人的视野，成为一时的热议对象。未来在何方，对刚刚迈入默克尔时代的德国建筑实践来说，似乎还不太明确。

但如果细致考察，就会发现 1970—2000 年德国建筑实践的社会性线索并未完全中断。20 世纪 80 年代的（西）柏林国际建筑展（IBA Berlin，1979—1987 年）就有很强的社会问题意识。它所提出的两个主要议题——"谨慎城市更新"和"批判性重建"以及城市设计师霍夫曼·阿克斯特姆（Dieter Hoffmann-Axthelm）提出的"克罗伊茨贝尔格混合"（Kreuzberger Mischung）概念，是对当时柏林城市发展的诸多现实困境的直接回应。而对社会和现实问题的关注也一直延续到 IBA 后续展览中。1989 年埃姆舍公园国际建筑展（IBA Emscher Park，1989—1999 年）启动，着力探索如何利用景观设计和规划来推动当时已陷入衰败的鲁尔工业区的复兴——这种介入不只是给予经济上的动力，同时还在于帮助当地居民重塑自我意识。

进入 21 世纪后，建筑实践中一度消隐的社会性开始复苏。以社会价值为导向的实践成为一种明显的潮流。68 运动的遗产——居伊·德波的情境主义、列斐伏尔的日常生活革命和"城市权利"学说是激发这场社会转向的理论号角。

2010 年 10 月，一场名为"小规模、大变化：新社会参与建筑"（Small Scale，Big Change：New Architectures of Social Engagement）的展览在纽约现代艺术博物馆（MoMA）开展。策展人莱皮克（Andres Lepik）筛选出遍布世界的 11 个作品。展出作品包括布基纳法索的小学（图 2-1）、智利的可扩展廉价住宅（Quinta Monroy）、孟加拉国的手工建造学校、南非反种族隔离史博物馆等。所有作品透露出设计师、建造者强烈的社会责任意识。"小规模、大变化"的主题概括了这些实践的特点——建

图 2-1　布基纳法索甘度村（Gando）的小学扩建

筑师不再着迷于发表宏大社会宣言或建构乌托邦理论，他们更专注于解决实实在在的现实问题。随后不久，这场展览被引介到德语地区，相继在法兰克福的德国建筑博物馆（GAM）和维也纳建筑中心（AzW）展出。

2012 年，一个类似主题的展览在慕尼黑建筑博物馆开幕，策展人是慕尼黑工大历史理论讲席教授内尔丁格（Welfried Nerdinger）。这场题为"建筑参与—改变社会的宣言（L'achitecture engagée – Manifeste zur Veränderung der Gesellschaft）"的展览梳理了自莫尔的"乌托邦"以来，建筑是如何服务于社会改良的理想，如何帮助人们实现共同生活想象的。欧文、傅立叶、霍华德、陶特、金兹堡、莱特、弗莱·奥托、尤纳·弗里德曼，这些曾以其实践或理论引领社会发展的重要人物被一一梳理[3]。

变化不只发生在展览领域和理论界，国际评奖机构也在悄然转变评判标准。曾经是制造和推介明星建筑师、引领国际建筑设计风潮的普利兹奖评委也改变了他们的偏好和价值取向，变得更"政治正确"。自 2014 年坂茂获奖算起，到 2015 年弗莱·奥托，再到 2016 年的亚力杭德罗·阿拉维纳，建筑的社会性取代了美学性成为新评判标准。而另一世界级的重要建筑展——威尼斯建筑双年展也转变了风向。就在获得普利兹奖的同一年，阿拉维纳被委以策展威尼斯建筑双年展的重任。他策划了名为"前线报道"（Reporting from the Front）的主题展，邀请了全球 88 家建筑事务所参展，全方位展现人们在回应本地实际问题时所采取的不同处理技巧。

可以说，建筑实践的新社会转向并非德国独有，它是一场世界潮流。但在德国，这种转向类型模式更全面、更丰富。在讨论时，本章将会以德国的案例为主轴，但一些德语文化圈的典型案例也会被纳入讨论范围。

在德国，这场实践转向可以细分为以下几个方面：（1）赋予使用者设计和建造自主权的"自我建造"和"开放体系"实践；（2）以临时、非正式、实验为特点的"微易建造"；（3）面向第三世界和不发达地区的"设计—建造"运动；（4）基于异质伦理，寻求实现混合性和多样性的城市建筑；（5）多元主体参与的，以"共同福祉"为取向的社区式更新；（6）追求居住公平的住宅合作社运动；（7）从危机解决模式转向长期融入的难民安置房设计。

## 匿名力量的自我建造权——开放体系与生长住宅

日常生活中存在着一种匿名而混沌的力量，它们对抗和消解秩序，被主流实践刻意回避甚至封锁。但当人们为改变自己的生活处境而行动起来时，这样的力量就不可能完全被清除。在住宅实践领域，它们的状态广泛明显，彰显着人们的日常生活状态。

在《空间生产》中，列斐伏尔将这种匿名而混沌的力量对已存秩序的改造、误用、篡改称为"挪用"（appropriation）。"今天任何'革命'的方案，不管它是乌托邦的还是现实主义的，如果不想变成不可救药的陈词滥调，都必须把身体的再挪用连同空间的再挪用变成其纲领中不可动摇的内容。"[4]166-167 许多当代实验性实践尊重这种力量，试图在秩序与混沌、设计与偶然、规则和自由中达成某种平衡。它们所采用的手段——"开放的建筑体系""生长的住宅""自我建造"——是早期现代主义已使用过的工业预制化方法。历史上这些办法曾有效地提升了低收入阶层的居住福利，但却逐渐演化成资本攫取利润的工具。德国与其他欧洲国家的实践者一直在探索如何重新激发这些工业建筑手段的社会潜能。他们的主要思路是基于"挪用"原则将空间的营造权归还给居住者。

2013 年，来自科隆的 BeL 事务所设计的"基本房子与居住者"（Grundbau und Siedler）赢得了 IBA 汉堡（2013—）的"智慧价格住宅奖"（Smart Price House）。从外形上看，这是一个简陋的五层楼方盒子，似乎还处在未完工状态。如果不是外立面有些地方刷了颜色，很难说它和临时搭建的工棚有何区别（图 2-2）。然而这种未完成的状态恰恰是 BeL 事务所刻意为之的结果。专业杂志报道这一作品时，纷纷称之为"住宅架子"（Wohnregal），这一标签让人想起宜家那些搁板和轻钢框架组合而成的家具。BeL 设计概念的原型源自柯布 1914 年设计的"多米诺体系"（图 2-3）。简易的、不带承重墙的混凝土架子是作品的"基本房子"部分，居住者自己用砌块分隔的套间则是"居住者"部分。除底层架空以外，每层可分出 3 个套间，每个套间面积最大到 150 平方米，整栋住宅容纳 12 户住户。为了让使用者更好地完成自建造工作，BeL 甚至还编辑了一个 196 页的建造手册发送给他

图 2-2 BeL 的"住宅架子"

图 2-3 以"多米诺体系"为原型的"住宅架子"
注：图中史密斯夫妇的贴图暗示了 BeL 设计思路的线索。

们（图2-4、图2-5）。

　　"基本房子与居住者"是大胆的实验，但绝不是全新的尝试。它的原型是百年前就已开始的开放建造体系实验。当时建筑师，已有意识地利用工业技术为居住者创造弹性居住空间，利用预制手段照顾居住者个性需求。柯布1914年提出多米诺建造体系；1922年，格罗皮乌斯提出序列化、大规模生产的独户住宅模型；1960年，瑞典建筑师弗里贝格（Erik Friberger）设计了哥德堡的多层平台住宅；1961年，荷兰建筑师哈布瑞肯（Nicolaas John Habraken）及"建筑师研究会"（SAR）

图2-4 BeL为住户准备的工具箱，包括1：50的空间配置参考模型

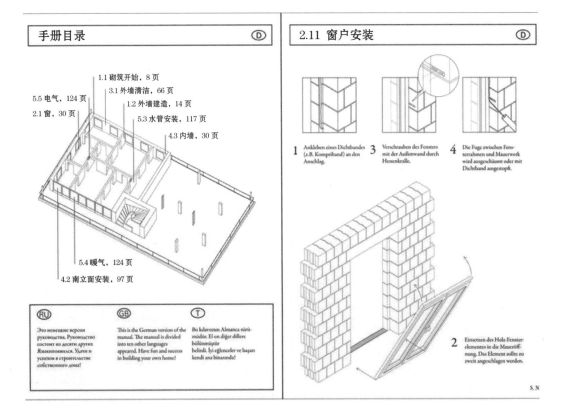

图2-5 BeL为住户提供的设计手册

注：图标（作者翻译）：这是德语版的建造手册，这一手册还有十种语言版本。祝愿您可以快乐并成功地建造自己的家。

展开了"支撑体住宅体系"研究；直至 80 年代，弗莱·奥托在柏林设计的生态住宅，以及施图尔茨贝歇（Stürzebecher）等人为 IBA 柏林设计的"住宅架子"[5]116-121。在欧洲，利用开放的建造系统为使用者提供更多可能，使他们能自由安排空间的探索一直在持续。

另一种赋予居民空间营造权的方式是"生长住宅"（Growing house）。2003 年至 2005 年，智利建筑师阿拉维纳在伊基克设计的金塔蒙罗伊（Quinta Monroy）社会住宅是典型的"生长住宅"模式（图 2-6）。阿拉维纳的团队只设计了每户住宅的一半，包括厨房、浴室、楼梯等内容，这些部分是住户自己难以独立完成的一半，另一半留给居民自己改造完成。

同样，在德国建筑师的早期探索中也可以追溯"生长住宅"的先声。阿拉维纳就不讳言他曾受到马丁·瓦格纳的影响。早在 20 世纪 20 年代，景观建筑师米格（Leberecht Migge，1881—1935）受植物生长的启发，先锋性提出过"生长住宅"的概念[5]116-121。到了 1932 年，瓦格纳曾召集当时德国优秀建筑师，举办了名为"为所有人的阳光、空气、住宅"（Sonne，Luft und Haus für Alle）的展览。瓦格纳希望参展建筑师能够设计出一种住宅原型，它既能帮助低收入阶层克服财力困难，拥有自己的住宅，还能够让他们将来可以扩展空间，其技术前提是预制化[6]5。

"开放体系""生长住宅""自我建造"等实验建筑放弃了美学式的控制性策略。建筑师承认日常生活混沌力量的现实合理性，尊重居民空间营造的权利。建筑师一方面保持了工业技术固有的

图 2-6　金塔蒙罗伊可扩展的社会住宅

空间结构性力量，维持它的中立性，另一方面为未来的不可预测、混沌的适应性留有余地。空间结构的中立与混沌的不可预测性之间达成微妙的平衡。

## 临时性、非正规性、实验性——城市场所的微易更新

20 世纪 90 年代初期，许多德国城市面临着"城市收缩"的新挑战。全球化背景下的产业结构调整和德国重新统一带来的政治不平衡造成曾经的东德地区的青年和高学历人才大量流失，无人居住使用的城市闲置地大面积出现。如何恢复这些城市曾经的城市性和公共性，是个严峻的问题[7]252。在柏林和其他一些曾经的东德城市，出现了一些被称为"空间先锋"的民间探索。普通市民利用"收缩"形成的城市能级差，"占用一些相对便宜的场地，并且测试出许多古怪、实验性的生活方式[8]360-361"。这种自发、临时占用城市闲置地的做法获得当地管理机构的普遍默许，成为一种非常规的城市更新模式，被称为"过渡使用"（Zwischennutzung）。

相比于这些无意识、非自觉的民间探索，一部分专业人士的探索则更自觉、更系统化。他们的实践包含着这样一些特点：

时间上，临时的、短期的、流动的；
空间上，地方的、社区的、邻里的；
手段上，战术的、机会主义的、干预式的；
效应上，反抗的、挑衅的、教唆的、动员的；
方式上，再利用、混合式的、建造的。

这些特点展现出一种全新的建筑理解，即建筑不一定是静止、持存、不可改变、昂贵、纪念性的，相反它可能是短暂、轻柔、游戏、弹性、事件式的。从更极端的角度来看，物质建造甚至可以完全让位于情境创造。由此，设计师从对形式、风格、语汇的执迷中抽离出来，根据快捷、轻便、廉价等新实践标准，因地制宜地制造各种活动、节庆、情境、游戏、事件和空间氛围。通过这种方式，人们试图弥合现代主义城市常被诟病的建成空间与日常生活相互脱节的困境。设计实践脱离了自治领域（autonomy）溶解在日常生活之中，而城市被倒转成巨大的现成品和游戏场地。

"柏林空间实验室"（Raumlabor Berlin）是最早开展这方面探索的新型事务所，其实践领域覆盖宽广。1999 年，"柏林空间实验室"成立，"现成品"（bricolage）是他们主要的工作材料。所谓"现

图 2-7 米尔海姆橡树站周边环境

图 2-8 米尔海姆橡树歌剧院

图 2-9 停驻纽约城一个内院的"泡泡会场"

成品"通常指可循环使用、简易的现成材料。但"柏林空间实验室"扩展了"现成品"的内涵，荒置的、无生机的城市空间和建筑物也成为一种"现成品"。他们使用装置、舞台设计、城市家具等手段，游戏式地临时干预这些空间，短暂提升空间品质，增强城市性。例如，"柏林空间实验室"早期代表作品米尔海姆（Mülheim）橡树歌剧院（Eichbaumoper）是个临时剧场，建于城际轨道站上（图 2-7）。这个名为"橡树"的城郊站点是联结埃森（Essen）和米尔海姆两座小城的中间站点。和其他无名小站一样，它缺乏人气和维护，被破坏、无聊、恐惧的氛围长期笼罩。2009年夏天，"柏林空间实验室"用简易集装箱、脚手架在站台上搭建了一个简易的歌剧院，并组织了整个夏天的歌剧表演，为这个典型的"非场所"（non-place）带来一丝生气，让这个破旧不知名小站短暂承载起美好生活、期望、想象（图 2-8）。

"柏林空间实验室"还喜欢用流动的空间形态来制造事件。其设计了一种充气薄膜，充好气后就是临时集会场所，不用时可被塞入卡车。利用这种流动性、轻便性，人们可以随时在许多地方举办短暂集会。半透明的充气膜将集会空间的内景暴露给城市，吸引人们的关注。"泡泡会场"多被安排在高架桥下、工厂后院、大桥桥洞这类平时鲜有人光顾的地点，这种安排指向明确。"泡泡会场"让这些平淡无聊的"非场所"有了短暂的吸引力（图 2-9）。

"柏林空间实验室"式的探索在德国并不少见，类似的小型工作室还有"ON/OFF""DIESE

图 2-10 2017 年，DIESE Studio 在黑森州立剧院（达姆施塔特）设计搭建的临时小亭子

Studio"等，其创始成员大多在"柏林空间实验室"工作过。不只在德国，在整个欧洲这种模式都很流行：活跃于英国的 Assemble Architecture、法国的 AAA（Atelier d'Architecture Autogérée）、荷兰的 ZUS（Zones Urbaines Sensibles）都是同类型的小型建筑事务所，城市空间的微易更新是他们的主要工作内容（图 2-10、图 2-11）。这些小型设计团队的成员来自各个不同行业，例如"ON/OFF"团队有产品设计师、地理学家、摄影师、木匠，涵盖了舞台设计、装置、建筑设计、家具设计等多个领域。成员们各自也有自己的主业，利用业余时间来参与"ON/OFF"的营造活动[9]41。

实验、即兴的特点贯穿于这些实践中。实验性不仅体现在探索建筑的可能边界上，例如材料、工艺的多样性和可替代性，同时也体现在突破城市空间管制与日常行为惯性上（图 2-12）。大多数时候，由于经费紧张和时间有限，实践者们必须放弃常规的精致细腻的工艺，这让他们的作品显得很粗糙，但却富有生命力。而因为经常突破城市日常例行的规范，很多时候这类作品不仅难以被城市管理者接受，也常被保守市民质疑。但实践者会刻意维持这样的挑衅姿态，保持着对城市边界的不断探索。

在微易更新过程中，建筑师将"设计"和"建造"两个领域连接起来。这与下文要谈及的"设计—建造"运动有密切的亲缘关系。不同在于，"设计—建造"运动主要在南半球不发达国家和地区活动，而"微易更新"则聚焦于城市的"非场所"、消极空间乃至例行的日常习俗。

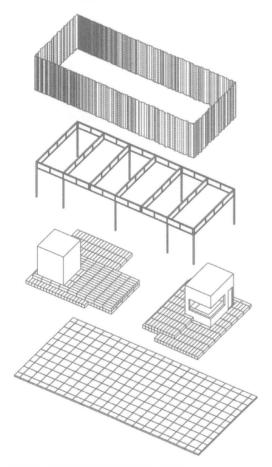

图 2-11 黑森州立剧院临时亭子构造分解图

图 2-12 ON/OFF 用管子搭建的游戏场。被设置在城市街道，形成短暂的空间挪用

## 挑战学院体系的学生运动——"设计—建造"运动

最近 10 年来，一场名为"设计—建造"的建筑实践运动在全球兴起。许多发达国家的建筑师前往第三世界，展开"设计—建造"式的知识与技术输出。在孟加拉国、委内瑞拉、南非、布基纳法索，青年建筑师和在校学生联合当地社区，利用有限资源和经费，结合本地材料与工艺，设计建造学校、住宅、医院、文化中心等公益项目。德语文化区的德国、奥地利、瑞士是这场"设计—建造"运动的主要策源地。2012 年 12 月，第一届世界"设计—建造"大会在柏林工大（TU Berlin）召开，2016 年 6 月，第二届"设计—建造"大会在维也纳工大（TU Wien）召开。

"设计—建造"运动最初源于一些教育者的改革。为克服建筑教育越来越脱离建造实际和社会现实的困境，这些教育改革者创立了"设计—建造"，组织学生现场完成设计和建造项目。在让学生们获得更多实际建造经验的同时，"设计—建造"工作室也把未来的使用者、居住者吸纳到设计和建造的过程中，将社会组织和动员的过程与设计参与过程糅合起来。20 世纪 90 年代，"设计—建造"的教育实验首先出现在美国亚拉巴马州的奥本大学（Auburn University）。1993 年，建筑师莫克比（Samuel Mockbee）和拉斯（D. K. Ruth）成立了"乡村工作室"（Rural Studio），着力在亚拉巴马州最贫穷的黑尔县（Hale County）推行自我规划和设计的项目（图 2-13）。

图 2-13 乡村工作室利用回收的汽车挡风玻璃修建的小教堂

　　"乡村工作室"的成就引起了主持维也纳建筑中心（Architekturzentrum Wien）的迪特玛·斯坦纳（Dietmar Steiner）的重视。2003 年春，斯坦纳策划了名为"只管去建：乡村工作室的建筑"（Just Build it: Die Bauten des Rural Studio）的展览，将莫克比的努力引介给欧洲的建筑师和教育者。自此之后，德国、奥地利、瑞士等高校相继成立"设计—建造"工作室。例如，柏林工大的"建造先锋"（Baupiloten）和"茧"（Cocoon）、亚琛工大的"设计·开发·建造"（Design·Develop·Build）工作室（图 2-14、图 2-15）、慕尼黑工大的"为（南非）奥兰治农村而建"（Bauen für Organefarm）、维也纳工大的"设计·建造工作室"（Design·Build Studio）、林茨艺术大学的"基本人居"（Basehabitat）。这些工作室的实践活动广泛分布于埃及、南非、印度尼西亚、孟加拉国、印度等第三世界国家。

图 2-14 伊图巴科学中心（Ithuba Science Center），南非约翰内斯堡

图 2-15 伊图巴科学中心

2005—2006 年，奥地利建筑师海宁格（Anna Heringer）在孟加拉国设计了"现代教育与培训中心"（Modern Education and Training Institute），这个作品成为"设计—建造"实践运动中比较有代表性和影响力的作品（图 2-16）。海宁格当时还只是个刚获得硕士学位的毕业生。在获得建筑委托之前，她已作为志愿者在孟加拉国工作多年。这段经历既让她获得当地 NGO 和社区的信任，也让她对地方的社会组织、建筑材料和工艺有了深入的理解。2004 年硕士毕业后，海宁格重回鲁德拉普尔（Rudapur）。她与建筑师罗斯瓦格（Eike Roswag）一起，在当地人的帮助下，使用本地最常见的材料——黏土和竹子，以传统工艺方式，纯手工建造了这座教育培训学校。2007 年，这一建筑落成后不久就获得阿卡·汗建筑奖（图 2-17）。

"设计—建造"的主要工作模式是沟通和学习。学生设计者要和当地民众密切沟通，了解本地传统、建造方式，而不是简单地将自己的生活方式和观念强加给本地人。在沟通和学习过程中，本地民众和学生设计者之间形成了充分的信任和尊重关系，刻板固化的发达与不发达的等级体系被打破。作品完成后，本地民众的社区团结和自我认同被强化。和"微易更新"一样，"设计—建造"也偏好"现成品"式的工作方式。

图 2-16 正处在建造过程中的孟加拉国"现代教育与培训中心"

图 2-17　孟加拉国现代教育与培训中心室内

在欠发达地区工作时，人们无法照搬工业化国家常规的建筑设计和生产方式，很多烦琐步骤被抛弃。人们常把这种使用现成材料，发动民众参与的实践称为"贫穷建筑"（poor architecture）或"简陋设计"（shabby design）[10]154-155。这是一种明显有轻视意味的称谓。但恰恰在"设计—建造"实践中，人们才又将现代化和工业化进程中长期分离的各个环节重新整合在一起。同样，"设计—建造"运动也挑战了已成为固定框架的各种规则，突破它们的限制。这些规则可能是结构规范、建筑规范、规划法则，也可能是产权规则、政治禁忌。

但"设计—建造"又不同于"微易实践"。受制于欠发达地区有限的经费和资源、低技术工艺，"设计—建造"实践不能只以临时、短暂的姿态出现，它需要建筑师持续地介入和帮助。围绕着设计和建造的整个过程，NGO、学生、大学、地方社区组成了长期而稳固的网络。项目建成后也会作为在地资源长期服务于当地居民。此外，不同于"微易更新"的是，"设计—建造"运动在介入各地现实时会采取实用主义的态度，削弱自己的政治立场。而那些"微易实践"往往有强烈的政治立场，常常激化成一种政治宣言。

## 异质的伦理——寻求混合性和多样性的城市建筑

进入新世纪后，借助数字信息技术的加持，所谓的"平台资本主义"盛行起来。各种以"共享"和"社区"之名的虚拟群落、平台纷纷出现。它们对社会公平和团结并无多少助益，甚至进一步强化了社会的区隔。本质上，它们只是消费主义的新技术进阶。当人们可以借助技术手段迅速找到自己的同类时，会结成许多近乎封闭的社交圈。这种对清晰身份和均质社会的执迷恰好契合了当前席卷西方社会的右翼民粹主义诉求。作为一种保守的政治思潮，它们所排斥的是传统左翼所坚守的那些价值观——多样性、异质性、社会混合。

后一类价值观仍然在城市建筑实践中维持着。德国和欧洲许多左翼的实践者与其他主体一起，以建筑或社会经济的手段来保护并推动社会生活的丰富性、多样性、异质性。如果将这种行动置于欧洲当下的社会政治思潮下考察，这种追求异质性的伦理和实践会随即显露出它的政治性 [11]233。

2018 年，由建筑师布朗德胡贝尔及其团队（Brandlhuber+Emde and Burlon / Muck Petzet Architects）设计的"柏林退台住宅"（Terrassenhaus Berlin）建造完成，它随即入围了 2019 年的欧洲最高级别建筑奖"密斯奖"的终选五强。建筑师们采用了许多非常规的空间处理方式，试图打破业已成为共识的社会规范对生活可能性的制约。这些固化的社会规范不仅结构化了我们的生活预期，同时也削弱了社会交往的复杂程度。

项目基地位于柏林韦丁区（Wedding）一片废弃场地。建筑给人的第一印象是其朝南的五层退台和联结各层退台的外部楼梯（图 2-18）。"整个建筑生成于德国建筑标准的楼梯规范 [12]"。建筑师在东西两侧各安排了一套从地面一直连通屋顶的室外楼梯。楼梯被处理成 19 厘米高、26 厘米深、倾斜 35 度，符合规范规定。为了容纳室外楼梯，每层的外阳台达到 5.7 米深。这样的深度超出了一般居住阳台的需要。宽大的、面南的、朝向花园的阳台刺激着人们有更多户外停留和活动的需求（图2-19）。建筑师保持了阳台的通长，没有划分出每户工作室私有的阳台领域。通长的阳台和从地面连通屋顶的两侧户外楼梯制造出一种强制的公共交互性。住宅空间公共和私密常见的刻板二元界限被打破。

但建筑师所打破的不只是私密和公共的对立属性。在数字时代，工作和生活的关系早已不是古典现代主义所要求的彻底分离。像谷歌这样的数字行业领先者，已用休闲、娱乐、学习、工作无差异的组织模式来安排企业空间。而"柏林退台住宅"试图在城市日常生活层面实现类似的融合。设计制造出介于工作和居住之间的模糊功能状态，对日益均质化的社会生活提出挑战。

图 2-18 柏林退台住宅的南面

图 2-19 邻近宽大阳台的面用银色窗帘遮挡，可保护住户的隐私

按1958年的控规规定，该处须建造商业建筑。为了满足这一要求，该建筑主要面向创意工作群体。他们并无明确居住和工作时间区分。为了满足这一要求，建筑师放弃了小尺度空间组合的构想，设计了一个大进深的大体量建筑。建筑进深从底层的 26 米到屋顶层的 11 米逐渐缩减。这种安排让建筑单元呈筒状。筒子的南北两端可以直接采光。超常规进深制造出光亮程度不同区域，与大阳台的远近形成不同私密程度的空间（图 2-20）。当业主需要更多的隐私时，他可以退到北面。而需要工作、休闲、交往时，他可以在南面靠阳台的地方活动（图 2-21）。在室内空间的排布上，除了电梯筒和厨卫空间位置提前固定好以外，建筑师将内部空间的分隔权全部留给了使用者。

在退台住宅的设计中，建筑师创造出一种激发和维持异质性的空间模式（图 2-22）。建筑一方面强制各住户相互交往（巨大的无隔断的平台、联系各层平台和花园的外部楼梯），另一面保证他们工作和居住混合的可能（非常规的深度），它有意打破公共和私密的二分边界，也试图克服有关功能分区的固化共识。

图 2-20 柏林退台住宅室内筒状单元

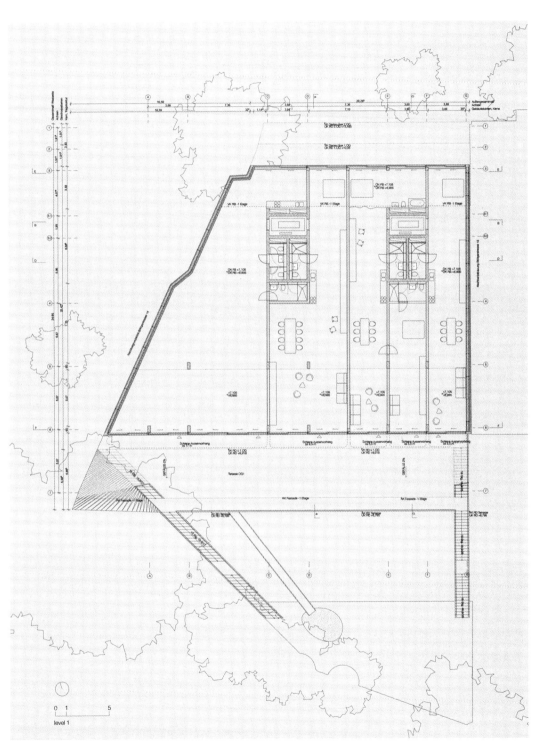

图 2-21 退台住宅的三层平面

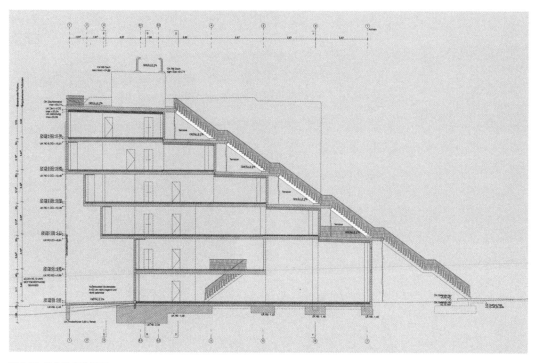

图 2-22 退台住宅的剖面

## 社区式城市更新——多元主体参与构建的"共同福祉"

信息技术的进步和广泛使用不只是促成了"平台资本主义"的繁荣，也带来了西欧市民社会和草根运动的复兴。信息技术降低了形成社群网络的门槛，当越来越多的社群在空间上提出它们"共同福祉"（Gemeinwohl）的诉求时，城市和住宅建设的范式转型开始出现。

柏林韦丁区（Wedding）的 ExRotaprint 厂区更新是这种范式转型的典范。简单而言，这种城市更新终结了对财产利润的追逐，为社会群体提供异质、开放的场所 [13]。ExRotaprint 的形成既不依赖于政府的补贴，也不是以逐利为目的的商业操作，而是构建了一种新的共同体关系——市民和企业作为重要组成，在经济利益和公共福利，企业利润和社会参与中架起桥梁 [14]17-18。这类新集体空间摆脱了旧共同体概念中强烈的认同与排斥的二元对立属性。比如，其行动主体首先就有多样性。除了传统的政府外，还包括以社会价值为取向的基金会、合作社、投资银行、地方社区组织等新型组织。能够让这么多主体相互协同，共同行动，德国长期的市民社会传统功不可没。

ExRotaprint 前身是生产印刷设备的工厂，占地约 1 公顷（图 2-23、图 2-24），1955 年由建筑师基尔斯腾（Klaus Kirsten）设计，风格粗糙朴实，使用了战后流行于西柏林工业建筑的风格语言，是柏林的历史保护建筑。1989 年工厂倒闭后，根据和市政府签署的担保协议，这片场地被柏林市政府名下的土地基金（Liegenschaftsfond）接收。一些小型企业、艺术家、社会机构逐渐成为这里的租户，其中有为库尔德裔土耳其人开设的语言学校、职业介绍机构，也有音乐家、设计师、作家等艺术家设立的工作室。经过十余年的发展，ExRotaprint 逐渐发展成功能混合多样化社区。ExRotaprint 的各种设施和功能可以很好地满足韦丁区的社会需求，甚至其开放场地也是韦丁区为数不多的公共空间。

图 2-23 柏林韦丁区的 ExRotaprint 外景

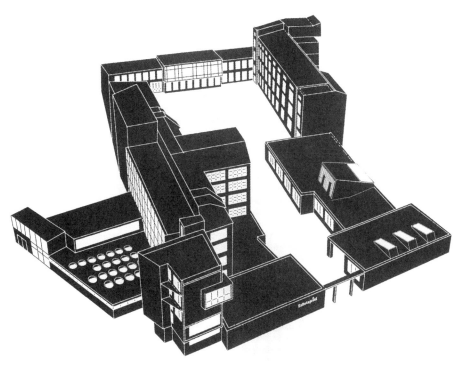

图 2-24 ExRotaprint 的轴测图

随着新世纪初柏林地产市场再次回温，ExRotaprint 有随时被托管机构出售之虞。面对这一局面，2004 年，艺术家伯拉姆（Daniela Brahm）和施里斯（Les Schliesse）成立了由本地租户组成的协会，将这片场地接管下来。他们想构建一种以居民自我管理为基础的公共财产模式，以保护本地已经发育多年的社区环境（图 2-25）。

由于社区居民自己没有能力出资购买厂区土地的所有权，他们邀请两家公益性基金会特拉斯（Trias）和埃蒂斯 – 迈尔（Edith-Maryon）来帮助购买土地。随后，脱胎于社区协会的"ExRotaprint 公益公司"再和这两家基金会签订"可继承建筑权"合同。根据合同，两个基金会拥有土地的所有权，而"公益公司"则拥有建筑 99 年的使用权。在此基础上，"公益公司"可以再将建筑空间等价出租给其他社会群体。这种产权架构，让低收入的社区居民可以自我组织起来，真正成为社区的主人，实际主宰社区的发展，而不是屈从于资本的安排。而其行动的基石——"可继承建筑权"——是德国城市处置公共产权的重要制度基础 [15]29。

当"ExRotaprint 公益公司"的主导地位确立后，它可以按照社会公益的标准引导社区的发展。"公益公司"拥有审查和批准空间租户的权力，审查的标准在于所入驻住户是否能给片区带来公益利益。因此，其建筑空间主要租赁给以劳工、社会、艺术事业为主的租户。由于没有逐利的要求（"公益公司"合伙人不能从 ExRotaprint 的经营中获利），这里的场地租金可以维持在较低水平。而租户的

图 2-25 为抵抗资本收购而组织起来的 ExRotaprint 社区协会
注：后面的标语为"Rotaprint 是保护文物，这里没有利润"。

多样性和公益性对韦丁区生活品质的维系非常重要。社会公益、经济运转、空间品质三方面要求在此达成了精巧的平衡。

在这种城市更新模式的保障下，一种新型的财产关系和以共同福利为导向的房地产投资模式建立起来。在这种社区式更新中，许多以公益为导向的基金会是城市更新的生力军，如特拉斯·埃蒂斯 – 迈尔、"城市空间星期一基金会"（Montag Stiftung Urbane Räume）等。它们筹措资本，投资地产，为的不是资本增值，而是为保护那些受大资本利益碾压的小型城市产业，比如咖啡店、小杂货铺，为那些在市场规则压制下无法生存的传统行业提供契机，为整个城市的基础活力和多样性提供保护。

类似的城市更新模式在德国还有很多。人们发明了许多富有创意的机制，将社区空间建设的责任分摊到众多主体上，并建立权责对应的机制。在慕尼黑的难民收容所项目——"欢迎摩纳哥"（Bellevue di Monaco），改造者成立了"社会合作社"式的公益性机构；在莱比锡林登费尔斯剧院（Leipziger Schaubühne Lindenfels）的改造中，人们成立"创意众筹"或出售"公益股票"；在克雷费尔德的旧天鹅绒工厂（Alte Samtweberei in Krefeld）改建中，人们还会考虑接纳代替货币的社会劳动（图 2-26、图 2-27）。

图 2-26 克雷费尔德的旧天鹅绒工厂改建，屋顶大厅改造成城市公共空间

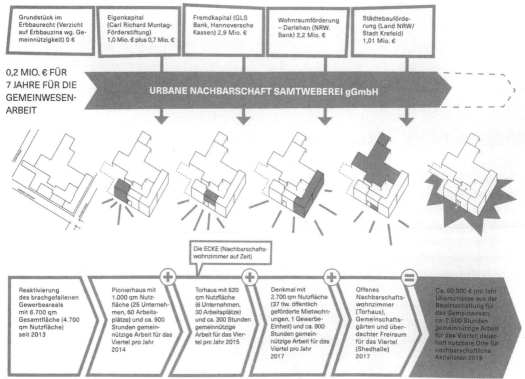

图 2-27 老天鹅绒工厂社区组织模式——以社会劳动代替现金作为社区建设计算模式

　　虽然建筑师会参与这类更新活动，但富有创意和行动力的普通市民才是这类城市更新得以成功的重要基石。如果没有市民的参与，这样的社区营建几乎不可能成功实现。甚至要承认，常规的建筑实践及其业务操作方式，在这类的城市更新上作为不大。

　　有效的制度支持也是这类社会空间更新成功的重要保障。德国长期存在的"财产权社会义务"立法传统是重要的制度基础。如果没有"财产权社会义务"的法律条款规定和以社会公平为导向的城市土地政策[16]，仅仅依靠城市弱势群体来推动"共同福祉"的社区营建，也是几乎不可能的。

## 住宅合作社——非公非私的居住公平

合作社在德语文化区有悠长的历史，它源于无政府主义者自发形成的利益共同休，其前身甚至可以追溯到中世纪行会传统。住宅合作社是最重要的合作社形式，它是许多个体家庭联合形成的现代居住公社，实行共同产权的财产形式，其成员是自己住宅上的长期租户——住户没有住宅的所有权，只有长期使用权。发展到今天，住宅合作社已成为德国、瑞士、奥地利等地中低收入群体获得住宅的重要渠道和阻止地产投机的有效工具。

大致而言，德语文化区的住宅合作社经历了 19 世纪末、1920 年代、1950—1960 年代前三个发展阶段和 21 世纪开始的第四波浪潮。新时期的住宅合作社实践具有不同于以往的明显特点：

首先，公众参与已成为主流的设计建造方式。在今天的住宅合作社运动中，从空间设计到日常事务组织，基层民主的精神一直贯穿始终。参与式和自我赋能式设计成为主流的工作方式。例如，在设计慕尼黑瓦格尼斯阿特住宅（wagnis ART）时（图 2-28），事务所伯格维施（bogevischs buero）

图 2-28　瓦格尼斯阿特住宅合作社内院

仅仅制定了一些简单的设计规则，将平面组织和立面设计的任务留给合作社成员。[17] 在苏黎世 "不止于居住"（mehr als wohen）的设计中，即使赢得设计委托，建筑事务所还要不断和合作社成员讨论，这个讨论机制被称为 "回音室"（Echoräume）。[18]104-114 在持续沟通中，这些合作社成员相互间也开始熟悉起来（图 2-29）。

图 2-29 "不止于居住" 住宅合作社内景

第二，新合作社住宅融入城市的姿态更主动积极。对待城市，早期的合作社实践持一种遁世的排斥态度。城市规划工作方式自 20 世纪 60 年代以来的范式转型让推动专业工作者建立起多样性和社会混合的明确共识，同时也让这样的共识成为新的公众意识的一部分。而欧洲城市普遍存在的土地开发节奏减缓的现实是导致新时期合作社住宅融入城市的另一不可忽视因素——很少有城市能一次性大规模供给建设用地，因此也难以形成单一功能大型封闭社区。

在新住宅实践中，联系社区与城市界面的底层空间是设计处理的焦点。合作社案例颠覆了过于强化住宅隐私性的传统理念，将住宅群的底层空间设计成向公众开放的、有丰富城市功能的半公共领域。例如，柏林的施普雷费尔德合作社（Spreefeld Genossenschaft）是个紧邻河滨的小合作社，但他们的住宅设计保留了人们通达河滨的权利。更典型的处理是苏黎世的卡尔克布莱特住宅合作社（Kalkbreit Genossenschaft），这个建于苏黎世交通公司有轨电车场上的住宅综合体，已成为此处活力不足城区的动力引擎（图 2-30）。建筑是架设在车场上的巨大公共平台，既隔离了下面有轨电车的噪声，又是新的城市与社区生活舞台。利用地形造成的高差变化，合作社在沿着不同高差的街面安排了共享办公、诊所、画廊、零售商店、电影院、社区厨房等非居住功能，占总建筑面积的 40%（5000 平方米），其住宅面积则是 7500 平方米[19]140-145，[21]24-30。

第三，新式住宅合作社实践在群体身份构建上有明显的开放性。19 世纪末，社会学家滕尼斯提出的"共同体—社会"二元理论曾经是合作社实践的重要理论支撑。但这一理论模型隐含着强烈的排外维度和反现代倾向——共同体是封闭内向的实体，并肩负着保存传统价值的重任。某种意义上，这种意识形态和 20 世纪民族共同体意识形态思潮脱不了干系。这场构建民族共同体的洪流最终在纳粹那里达致巅峰。直到今天，许多德国右翼保守势力仍然秉承着这样的共同体理念[21]4-5。

图 2-30 架设在有轨电车上的卡尔克布莱特住宅合作社

但在今天政治光谱偏左的现代住宅合作社实践中，人们有意打破这种封闭狭隘的群体身份构建方式，避免将住宅合作社发展成阶层属性单一的社会孤岛。住宅合作社招募不同阶层的人士。反映到空间设计上，则是多样化房型及其权属方式。大小不一的面积、不同共用程度厨房和浴室、甚至难民安置房和低收入住宅都可以被安置在同一个合作社住宅中。其所针对的社会群体年龄、经济状况、家庭属性、民族和种族属性各不相同。有时候，这种住宅房型变化达到令人瞠目的地步（图 2-31）。

在土地权利、城市融合、身份构建等多个方面，新的住宅合作社创造出新的公共产品。在当今新技术浪潮下，当各类共享经济大行其道，将社会共享转化成逐利的平台资本主义时，这类以社会公平为价值取向的空间实践更体现出其可贵之处。旧类型实践明显可见的二元对立的模式在当代住宅合作社实践中被打破，这种突破可能是公共和私密界限被倒转，也可能是工作和居住在空间上的融合，还可以是不同阶层、不同产权关系间的混合。

## 危机模式与长期融入——难民问题与住宅

2010 年"阿拉伯之春"爆发，随后 2012 年叙利亚内战爆发、ISIS 壮大。战争和动乱制造了大量穆斯林难民，造成了严重的人道主义危机。难民们经由海陆两路逃往欧洲，也让欧洲社会陷入社会政治的争议和分裂中。危机爆发之初，德国对难民持积极的欢迎态度。德国收容的难民数量遥遥领先于其他欧盟国家，2016 年达到了 61.2 万人 [22]。短时间涌入如此庞大数量的难民，对德国社会的短期承载力和长期融入两方面造成了巨大挑战。最大的挑战是，如何让数量庞大的穆斯林难民更好地融入德国社会，而不是变成文化冲突和社会隔离的隐患。对建筑师而言，问题的解决很快从最初纯技术层面的应急住宅供给，转化成长期的社会公平空间塑造。

德国的难民收置程序主要分三个阶段。初到德国的难民首先要经过初次收容（Erstaufnahmen）的阶段。这一阶段过后，难民会被分散到不同的联邦州，每个州都有自己的收容机构和安置点。到第三个阶段，难民会被安置到社区住所 [23]20-23。每一个不同的阶段，安置点和临时住所容纳的难民数量、居住条件（隐私性、设施配置）以及安置点的临时性都不相同。相对而言，第一阶段临时性最强，居住条件最差，一处场地安置的难民数量也最多，往往达到 300 余人，而第三阶段则相反，难民们逐渐步入安居状态。

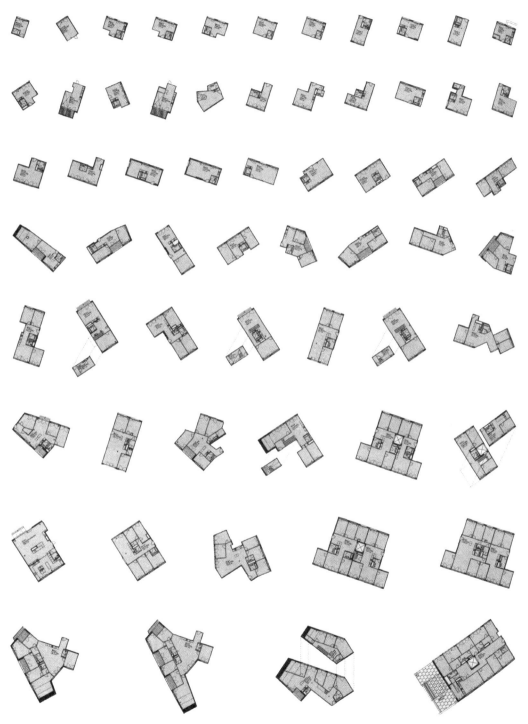

图 2-31 卡尔克布莱特不同的住宅模式带来不同的生活模式

图 2-32 作为难民收容所的轻结构大棚

图 2-33 轻结构大棚内景

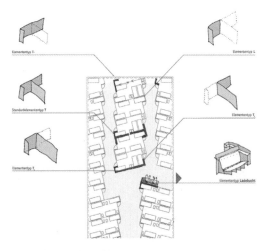

图 2-34 轻结构大棚设计构思

针对这种阶段性的安置程序和居住状态，德国建筑师给出轻型结构、集装箱建筑和模块化建筑、已有空间改造或加建等三种策略。它们都是快速且成本低廉的策略。德国完备成熟的建筑工业体系和高效的社会组织体系是这些手段成功的基础。在初期收容阶段，轻结构大棚、改造大跨结构和办公建筑是常用的策略。例如，慕尼黑政府计划在城市 20 处场地设置临时收容大棚，安置将近 2 万名难民，政府委托建筑师君特和沙贝尔特（Günther & Schabert）研究轻结构大棚的可行性，并委托他们设计建造了 3 处大棚（图 2-32）。尽管只是为期 2 年的临时收容场所，建筑师仍不希望将之设计成典型的"营地"，避免使人想起历史上臭名昭著的"集中营"。虽然会增加造价和延长时间，但是建筑师在室内空间处理上仍考虑了许多人性化的细节处理。比如，设置通高的玻璃门以强化大厅与室外的联系（大棚没有对外窗户），或者将床位隔间处理成斜向以打破通长走廊的单调性[24]46-47（图 2-33、图 2-34）。

除去这种轻结构建筑，更常见的手段是集装箱住宅和模块化建筑。因为采用标准化和预制化的方式，这两种策略具有节约时间和成本的先天优势。预制化的集装箱住宅和模块建筑从设计到施工很少会超过一年的时间，大多数半年到八个月内就可投入使用。根据建筑师的图纸，预制构建厂商只需在工厂加工好预制构件，到现场安装就可以（图 2-35）。不仅房屋单元，所有的配件、家具、卫浴设施都可以预制。这样的预制单元还基本按照载重卡车的运输标准设计，不会超过 3×12 米的模数，便于运输，也便于结束安置状态后再运往其他地方（图 2-36）。

图 2-35　MOSAIK 事务所设计，考夫曼建筑系统（Kaufmann Bausysteme）的汉诺威木制预装难民临时住宅生产过程

图 2-36　汉诺威木制预装难民临时住宅吊装现场

图 2-37　建成后的汉诺威木制预装难民临时住宅

作为危机处理模式，这些措施临时性很强。这种临时性有时也成为难民收治推进工作的挡箭牌。现实中常见的 NIMBY 态度 [25] 阻碍了难民接收和安置房建设。集装箱或模块化建筑呈现的临时性让市民能够心理平衡地接纳难民。

然而，如果止步于这种临时性，难民长期融入的问题会越发困难。临时的安置状态结束后，后续的社会问题会爆发出来：难民什么时候成为市民，什么时候可以定居并形成稳定的社会关系？因此，解决难民问题的关键措施转变为为难民提供有居住尊严并利于尽快融入主流社会的住宅。改变预制式建筑"抛弃型"（throwaway）的临时状态是一种建筑的解决思路。一种解决办法是将难民住宅与本地低收入群体、学生、无家可归者的住宅需求结合起来。例如，建筑事务所 MOSAIK 为汉诺威设计的一个难民住宅，设计寿命至少为 20 年，一开始就按廉价的长租房模式来设计（图 2-37）。尽管建造速度很快，但这套住宅群的空间标准很高。

不过，要真正做到社会融入，就必须超越单纯的物质标准提升，进入社会空间混合的层面。这就要求，首先大规模的收容所要慢慢退出，因为这种方式很容易形成"隔都化"（ghetto）的城市分隔；其次，可以将难民住所安置在人口稠密的中心城区，与本地居民混合起来 [23]20-23，尽管这种方式会引发本地居民的反对。

在富裕的西德地区，由于土地供应紧张，能够用于难民住宅安置的多是停车场这样的低效利用土地，涌现出很多架在停车场上的廉价住宅（图

2-38、图 2-39）。在东德地区，政府尝试将难民安置需求与空置的板式高层改造结合起来，将无人使用的集体住宅改造成难民住宅和其他社会功能的综合体。例如，2016 年柏林空间实验室完成的柏林前统计局办公大楼的改造设计方案就是一个集难民临时住所（约占总体量 45%）、艺术与文化工作室（约占 25%）、难民培训机构（约占 20%）以及其他社会开放空间（约占 10%）的社会综合体（图 2-40、图 2-41）。

## "美学"／"政治"间的二律背反与建筑实践变革的动力来源

尽管德国建筑实践最近十余年有明显的社会转向，但回顾历史，类似情况并非首次发生。历史上，德国建筑实践在"社会性"和"艺术性"的两极多次徘徊。但这不是德国专有的问题，而是建筑固有的内在矛盾。如果借用法国哲学家朗西埃（Jacques Rancière）的学说，这种反复循环可以被解释为建筑实践在"美学"（aesthetics）和"政治"（politics）间的二律背反。

图 2-38 慕尼黑丹特巴特停车场上廉价住宅透视图

图 2-39 建成后的丹特巴特停车场廉价住宅

图 2-40 柏林前统计局改建方案
注：图中文字（顺时针）：文化、教育、难民事务咨询、难民住宅、问题、难民用厨房、普通住宅、项目用房、社会、工作室

图 2-41 柏林前统计局大楼外观

朗西埃把"美学"和"政治"视为对立于"共识"（consensus）的两种"歧感"（dissensus）形式，它们都是"可感分配"（the distribution of the sensible）的形式。所谓"可感分配"，是指一系列不证自明的感觉事实，它们界定时间和空间、可见和不可见、言说和不可言说。[26]12-13 许多创造、分配、再分配我们感知世界的实践（哲学、艺术、政治等）都可归属于"可感分配"。毫无疑问，建筑也是"可感分配"体裁（genre）的一种。

因其不证自明性，这类可感事实构建出我们集体世界的某种常规或一般事实，朗西埃称之为"共识"。某种意义上，"共识"与葛兰西（Antonio Gramsci）所说的"文化霸权"（cultural hegemony）并无二致。"共识"或"文化霸权"参与意识形态斗争，争夺意义生产，控制社会。只是这种控制不是以强制的方式完成，而是隐含在共识中，通过价值体系"有机"地实现[27]248。

但意义总是生成于对"共识"和"文化霸权"的瓦解。制造瓦解的形式被称为"歧感"。它同样也是一种"可感分配"形式，只是它创造出一种新的可感配置，推翻了"能"（capability）与"不能"（incapability）的边界，让不可言说成为可言说，不可见成为可见 [28]140。

因此，内在于建筑实践的第一重矛盾是，它既参与构建"共识"和社会控制，同时又常被创造成"歧感"，用以对抗"文化霸权"的驯服。而建筑实践关于"美学"或"政治"两种"歧感"的诉求体现在如何实现"艺术性"或"社会性"两种价值的努力上。

例如，在包豪斯运动中，直接参与社会变革，寻求实现"政治歧感"的实践模式占据主流（生活变革运动、住宅合作社运动、社会主义、科学化和技术化），因此它被公认为一场社会性很强的建筑实践。但包豪斯的面貌并非那么简单。以密斯和杜伊斯堡为代表的另一种模式与前面完全相反。它们主张建筑的学科自律性，主张建筑从直接的社会工具性中抽离出来[29]5-7。按照朗西埃的话语体系，我们可以说密斯的工作是一种创造"美学歧感"的努力。海斯（K.Michael Hays）细致地解读了密斯是如何做到这一点的。[30]119 密斯的作品制造出一种"悬置"的紧张关系——"美学表明了任何将艺术形式生产与特定的社会功能联系起来的明确关系的悬置"[28]139。

但是，朗西埃一直在提醒读者"美学"和"政治"的不一致性。更极端一些说，是"美学"和"政治"的互斥性。在朗西埃看来，"美学"和"政治"两种歧感不是"既……又……"的关系，而是"不是……就是……"的关系。这种不一致性，宣告了建筑实践的第二重矛盾性，即建筑实践在"美学"和"政治"间的二律背反，或者说，在"艺术性"和"社会性"两极间徘徊。在包豪斯时期，这种二律背反的矛盾已透过密斯的实践方式与其他模式间的差异透露出来。

进一步而言，如果"政治歧感"是对影响主体化形式的可感分配结构的重组，其结果是集体发声和宣告的结果 [28]141，那么美学歧感则是以去主体化的不确定性为基础的———一个艺术行为的实现意图和政治主体化的能力之间不存在任何明确的因果关系 [28]140-141。当艺术试图跨越边界，与生活融为一体时，美学歧感随即消失，因为艺术的政治性来自它远离了的社会生活。不仅如此，创造美学歧感的艺术最后会演化成共识的一部分，成为阻碍真正政治的壁垒。因此，我们可以看到，密斯早期的建筑风格连同其批判性很快转变成资本主义奇观的一部分，成为抑制新主体发声的共识。朗西埃称其为"治体"（the police）。

但归根结底，建筑从来不是一个完全封闭的系统，无法做到完全"悬置"于现实。建筑是一种平台式的社会实践，许多社会行动都会在这个平台发生交叉，它们可能是技术、生态、法律或市场的。无论承认与否，建筑实践必然是一种社会实践，它的社会性的强弱来自朗西埃所说的"政治歧感"的大小。

回过头来再看当今的德国建筑实践，其社会性主要体现在如下三个方面：（1）使用者定义和参与空间塑造的权利；（2）共同体、异质空间、共同福祉的塑造；（3）建筑作为解决具体社会问题的工具。第一类实践让日常生活中匿名力量公开可见，它们改变了只能由建筑师定义和分配空间的"共识"。第二类实践中，建筑设计演化为构建共同体的行动，成为对抗消解人与人联系的消费主义的工具。这些实践打破的"共识"是常规的"公共—私密"二分状态——无论是产权关系上的，还是空间和功能区分上。第三类范畴中，建筑成为回应具体现实问题的工具，促进城市品质提升，增加空间活力，抵制资本投机，解决人道主义危机。随着行动中对日渐私有化的物品的公共化，"城市权利"的彰显，主体及主体的支配能力也被重新定义。

这些建筑实践通过以下的方式创造出"政治歧感"。它们重新配置了具体空间（"微易更新"），框定了特定的经验领域（"开放体系""生长建筑"以及追求异质性的城市建筑实践），框定了被设置为共同的或与共同决定有关的物件（"设计—建造"运动、追求异质性的城市建筑实践、住宅共同体），或框定了能处置这些物体的主体（"设计—建造"运动、追求异质性的城市建筑实践、住宅共同体、"开放体系"）[31]24。

在社会性的层面，"美学"与"政治"的二律背反依然在困扰着建筑实践。当社会性的要求走向极致时，带来的却是建筑师职业的式微。在当今德国建筑实践中，我们看到，建筑师从自觉消解自身的权利逐渐步向建筑设计行业和建筑师职业的瓦解。实际上，历史上这种瓦解状态已经发生了。回望包豪斯的历程，那些依赖于自上而下力量的模式（社会主义、科学化和技术化）大获成功后，它们一方面成为"共识"的一部分，另一方面也在消解建筑师职业的内核。当工业化流程取代了空间设计的创造性，不论是设计师还是使用者都对空间生产无从置喙，日常生活空间生产在这一点上体现得最为明显。如果说这种消解是工业社会环境下的去自律状态，那么当代建筑讨论中，"没有建筑师的建筑""风土建筑"等命题折射的是工业社会外的建筑去自律状态。这些讨论将我们带到现代化之前（文艺复兴）和建筑师职业出现之前的初始状态（伯鲁乃列斯基）。在此之前，连建筑师这一职业都不存在，更无所谓房屋建造的"自律"与"他律"之分。

再回到当代德国建筑实践讨论本身，如果结合历史过程来看，德国建筑史上发生的数次"社会转向"始终与"悬置""断裂"以及追求集体知觉经验塑造的艺术冲动相伴相生。我们可以将这种"社会转向"与"艺术追求"视为"政治"和"美学"的二律背反。这也许是构建感知现实的建筑实践不能逃脱的内在矛盾。但建筑实践自身的变革以及建筑推动社会进步的奥秘也隐藏在这一矛盾中。只是大多数时候，这两极边界的探定要依赖于具体的社会实践而不是抽象概念推定。

# 注 释：

[1] 大联合政府指处于政治光谱两极的两个政党——左翼的社民党和右翼的基督教民主联盟与基督教社会联盟组成的联合政府。大联合政府战后只出现过一次，1966 年艾哈德任总理的联邦政府爆发财政危机后，社会民主党和基民盟组成过大联合政府。

[2] 曾于里. 为什么明星总喜欢给自己戴上"人设"的面具. 澎湃新闻，2019-02-14，https://www.thepaper.cn/newsDetail_forward_2980253

[3] 同年，内尔丁格从慕尼黑工大的历史教席和建筑博物馆馆长的职位退休后，其继任者正是来自 MoMA 的策展人莱皮克。

[4] Lefebvre, H. The production of space[M]. Oxford: Blackwell, 1991.

[5] Spruth, D, N. Tajeri. zeitleiste / timeline[J]. ARCH+, 2013, 211-212: 116-121.

[6] Lepik, A. Think global, build social! [J]. ARCH+, 2013, 211-212: 4-10.

[7] 约格·德尔施密特（Jörg Dürrschmidt）. 收缩心态 [M]// 菲利普·奥斯瓦尔特（Philipp Oswalt），编. 收缩城市 [M]. 胡恒，史永高，诸葛净，译. 上海：同济大学出版社，2012.

[8] 阿思特丽德·赫波德（Astrid Herbold）. 空间先锋：与城市与区域研究者伍尔夫·马蒂森的对话 [M] // 菲利普·奥斯瓦尔特，编. 收缩城市 [M]. 胡恒，史永高，诸葛净，译. 上海：同济大学出版社，2012.

[9] Flagner, B. Was machen eigentlich kollektive？[J]. Bauwelt, 2018, 16.

[10] Steiner, D. The Design-Build movement [J]. ARCH+, 2013, 211-212.

[11] Brandlhuber, A, N. Kuhnert, A. Ngo. Eine neue ethik des heterogenen [J]. ARCH+, 2018, 78: 13

[12] Weissmüller, L. Luxusstraßenköter [N]. Sueddeutsche zeitung, 2018-08-24. 原文："Das ganze Gebäude ergibt sich aus der deutschen Treppen-DIN".

[13] ExRotaprint gGmbH. Was ist ExRotaprint. https://www.exrotaprint.de/exrotaprint-ggmbh/.

[14] Burgdorff, F. Das gemeinwohl – ein altes fundament für neue entwicklungen [J]. Bauwelt, 2016, 24.

[15] "可继承建设权"（Erbaurecht）是德国城市土地政策的基石。1919 年颁布的可继承建设权法（Erbbaurechtsgesetz）把地产所有权拆分为不动产和土地两种，让低收入家庭拥有使用低廉土地的机会。由于这种权利可被租赁、转让、继承，因此被称为"可继承建设权"。见 Stellmacher, M. Erbaurecht [J]. Bauwelt, 2016, 24.

[16] 在住宅分配与城市更新的社会公平性上，慕尼黑做得比较好。详细信息可见下一章——以社会公平为本的住宅与土地制度。

[17] 详见第四章"从建筑自治到集体价值"。

[18] Hugentobler M, J Altwegg, C Heye, M Sprecher, C Thiesen. Gespräch partizipation: partizipation führt zu identifikation[M] // Hugentobler M, Hofer A, Simmendinger P. Mehr als wohnen: genossenschaftlich planen – ein modellfall aus zürich[M]. Basel: Birkhäuser, 2016.

[19] Müller Sigrist Architekten. KALKBREITE soziale mitverantwortung auf der ebene des wohnblocke übernehmen [J]. ARCH+, 2018.

[20] Schindler, S. Genossenschaft kalkbreite in zürich[J]. Bauwelt, 2014, 39.

[21] Gruber, S, A. Ngo. Die umkämpften felder des gemeinschaffens [J]. ARCH+, 2018, 232.

[22] 截至 2016 年，法国收容的难民数量为 5.4 万，英国 2.6 万，意大利 8.5 万，荷兰 1.2 万，奥地利 3.4 万，西班牙仅 7900 人。数据来源：Eurostat, Europäische Kommission. Kleilein, D, F. Meyer. Exil Europa [J]. Bauwelt, 2016, 41: 16-17.

[23] Wendel, K. Architektur der abschreckung [J]. Bauwelt, 2015, 48.

[24] Kleilein, D. Sofortprogramm leichtbauhallen: notunterkunft max-pröbstl-straße, München [J]. Bauwelt, 2015, 48.

[25] Not In My Back Yard，简称 NIMBY，直译为"别建在我的后院"，指居民出于自身私益，保护私人生活领域，因而对具有负面效应的公共和工业设施的抵制。一般被称为"邻避效应"。

[26] Ranciére, J. The distribution of the sensible: politics and aesthetics [M] // Ranciére, J. The politics of aesthetics [M]. New York: Continuum, 2004: 7-46. 原文："I call the distribution of the sensible the system of self-evident facts of sense perception that simultaneously discloses the existence of something in common and the delimitations that define the respective parts and positions within it…It is a delimitation of spaces and times, of the visible and the invisible, of speech and noise, that simultaneously determines the place and the stakes of politics as a form of experience."

[27] 雷蒙·威廉斯. 关键词 [M]. 刘建基，译. 北京：生活·读书·新知三联书店，2005.

[28] Ranciére, J. The paradoxes of political art [M] // Ranciére, J. Dissensus: on politics and aesthetics[M]. New York: Continuum, 2010. 141 页原文："politics is an effect of forms of subjectivation. In other words, such re-configurations are brought about by collectives of enunciation and demonstration（manifestation）."140-141 页原文："However, no direct cause-effect relationship is determinable between the intention realized in an art performance and a capacity for political subjectivation."

[29] Oswald, P. Kann Gestaltung Gesellschaft verändern? [J]. ARCH+, 2016, 222.

[30] 迈克尔·海斯. 批判性建筑：在文化和形式之间 [J]. 吴洪德，译. 时代建筑，2008, 01:116-121.

[31] Ranciére, J. Politics of aesthetics [M] // Ranciére, J. Aesthetics and its discontents [M]. Cambridge, UK: Polity Press, 2009. 原文："Politics, indeed, is not the exercise of, or struggle for, power. It is the configuration of a specific space, the framing of a particular sphere of experience, of objects posited as common and as pertaining to a common decision, of subjects recognized as capable of designating these objects and putting forward arguments about them."

**图片来源：**

图 1：http://www.kere-architecture.com/files/9914/0783/7213/School-extension_04.jpg

图 2、图 3、图 4、图 5：https://www.german-architects.com/fi/bel-sozietat-fur-architektur-koln/project/grundbau-und-siedler

图 6：https://arcspace.com

图 7、图 8、图 9：http://raumlabor.net

图 10、图 11：http://dasblumen.de/hessische-theatertage-2017/2017/6/27/u37pwrsawts490rsqi5bjcs75slf0o

图 12：http://www.onoff.cc/projects/boulevard/

图 13：http://www.ruralstudio.org/project-images/glass-chapel/2000_Glass-Chapel_73837p.jpg

图 14、图 15：https://gbl.arch.rwth-aachen.de/ddb/?page_id=1946

图 16：https://architektur.hoerbst.com/projekt/meti-school-bangladesh-anna-heringer/

图 17：https://upload.wikimedia.org/wikipedia/commons/8/85/Heringer_meti_school.jpg

图 18、图 19、图 20、图 21、图 22：https://www.dezeen.com/2019/02/21/teressenhaus-studio-brandlhuber-emde-burlon-muck-petzet-architecture/

图 23、图 24、图 25：Bauwelt 2016, 24: 24, 27, 25.

图 26、图 27：Bauwelt 2016, 24: 44, 47.

图 28：https://www.detail.de/fileadmin/user_upload/bogevisch-wagnisART-02.jpg

图 29：https://www.stadt-zuerich.ch

图 30：https://www.kalkbreite.net

图 31：ARCH+, 2018, 232: 142.

图 32、图 33、图 34、图 35、图 36、图 37、图 38：http://www.makingheimat.de

图 39：Bauwelt, 2017, 10: 30.

图 40、图 41：http://raumlabor.net

# 第三章　　以社会公平为本的住宅与土地制度

　　慕尼黑是一个富有吸引力的城市，经济实力强大，人口一直处于增长状态，不断上涨的人口数量导致住房需求持续激增。然而，由于城市空间边界固定，可供住宅建设的用地相当有限，因此慕尼黑住宅供应紧张且价格昂贵，房价持续上涨已有十年多（图3-1）。

　　尽管居住形势紧张，慕尼黑仍被公认为最宜居的欧洲城市之一，环境优美宜人，社会贫富差距不大。完善的土地与住宅政策法律体系对此贡献巨大，是促成慕尼黑公平且宜居品质的重要制度基础。面对保护弱势群体，为所有人提供有尊严生活，实现社会平衡等诸多社会目标，城市政府所能依靠的主要制度工具就是这

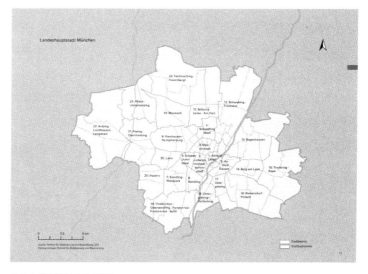

图 3-1　慕尼黑市区行政图
注：城市分为 24 个行政区。市区人口 150 万（2015 年），市区面积 310 平方千米。

套土地和住宅的政策法律体系，其背后蕴藏的基本伦理观是"社会公平"。

本章将从国家和地方两方面简要介绍德国土地和住宅制度体系架构，包括其社会公平价值观的历史演化与法理基础。由于多元社会主体参与是实现慕尼黑住宅与土地政策成功的保障，本章也将简单介绍不同的社会主体及其作用。本文不算是传统的建筑学研究，其主要研究对象也不是建造物及其设计方法。住宅问题相当特殊，其特殊性来自住宅及土地承载着复杂的社会、政治、经济关系。区别于传统建筑学直接负责所设计的环境，本文将要探讨的是一种"二阶秩序的设计工作"（a second-order design endeavor）[1]145。对于住宅和土地制度而言，这种二阶状态体现在城市形态和空间创造的演变过程中，它们起到的是一种间接的重要作用——它们通过影响人们建设和改变城市的决策环境而发挥作用。

## 1. 国家层面的一般制度

尽管成绩斐然，但慕尼黑不可能仅以自身力量就能实现住宅和城市领域方面的社会成就。慕尼黑的制度建设无法脱离国家层面影响，其土地与住宅制度与德国"社会国"立法原则相互呼应[2]110，同时也与欧洲百余年社会运动发展史息息相关。

### 1.1 "财产权的社会义务"的历史背景与宪法基础

在西欧，财产的公平占有和使用观念深入人心，为大众、不同政党派别、政府官员、知识分子所广泛接受。以社会公平为本的社会价值构成财产占有和支配制度的伦理底色。这其中，地产（包括土地和住宅）作为主要的财产形态当然是这一意识形态的中心议题。以社会公平为导向的土地和住宅制度调节，实质是对其承载的社会政治经济关系的定义和再定义。比如说，土地的使用和支配权利与方式——由谁来使用和支配土地，如何组织和分配土地，如何使用土地。这些关系最终会通过住宅的建造、分配、使用体现出来。

历史上，无论是蒲鲁东"财产即偷窃"论断，还是恩格斯关于家庭、住宅、英国工人阶级状况的系列讨论，土地和住宅作为生活资料和生产资料，其分配和使用方式一直是这些讨论的焦点。同一时期，还有美国政治经济学家亨利·乔治（Henry George，1839—1897）提出以税收调节土地增值，以此促成社会平等的构想。而柏林的土地政策改良者多马施克（Adolf Domaschke，1865—1935）受其启发，提出许多改革倡议，成为后来"可继承建设权"（Erbbaurecht）的雏形。

　　这些形形色色的政治理念和学说，逐渐渗透并沉积在德国以及慕尼黑的土地和住房制度构建的历史进程中。最具标志性的是 1919 年首先出现于《魏玛宪法》第 153 条第 3 款中的"财产权社会义务"（Eigentum verpflichtet）规定。这一条款被研究者称为"《魏玛宪法》从近代宪法转向现代宪法的界碑"，因为它改变了近代民法仅以私人领域为关注对象，开始将视角转换至"社会共同体的公共生活，关注个人自由的社会关联性。"[2]105 这一原则扭转了我们通常认为西方"私有财产神圣不可侵犯"观念的绝对性。财产权的承担社会义务的转变，意味着"财产权从单纯保障私人自由任意地使用和支配财产，转而开始承担社会利益再分配的功能"[2]106-107。《魏玛宪法》这一规定随后为德国 1949 年基本法第 14 条款完全继承："所有权负有义务，财产权的行使要以公共福祉为目的。"[3]

　　不过，虽然"财产权的社会义务"的原则被写入宪法，成为德国的土地与住房分配的基本法律原则，但很长一段时间内，它并未产生太多实质影响。直到 20 世纪 70 年代初，德国城市兴起了一系列新的土地制度改革运动，催生出许多具体且操作性强的制度构架，"财产权的社会义务"原则才真正被激活。慕尼黑是这些改革运动的策源地，它在许多重要节点发挥了关键作用。许多政策和措施在慕尼黑获得巨大成功之后，随即在其他德国城市推广传播开来。

## 1.2 "可继承建设权"

　　1971 年，德国城市大会以"拯救我们的城市"为题，发出"创建新的土地权"的呼吁。时任慕尼黑市长的社民党政治家汉斯·约赫·福格尔（Hans Jochen Vogel）既是这一系列讨论的主要推手，同时也是重要实践者。1975 年，福尔格在社民党曼海姆代表大会上倡议改革土地权，即拆分土地所有权为土地支配权（Verfürgungsrecht）和使用权（Nutzungsrecht），最终形成"可继承建设权"这一法律工具。

　　"可继承建设权"类似于我国城市土地产权中所有权和使用权差异。产权人甲持有土地的所有权，只出让土地使用权（建设权）给产权人乙。产权人乙拥有固定年限的建造物所有权，一般为 99 年。在此期间，土地使用权（包括建造物所有权）可以继承、转让、租赁，因此这一权利被称为"可继承建设权"。产权人甲可以是政府，也可以是教会、基金会等私人业主[4]29,[5]43。

　　"可继承建设权"是效果不错的长期调控工具，它让城市政府可根据不同的政策目标，保持对土地使用的长期持续影响力。例如，在一些关键区域，通过使用权协议规定空间使用形态与时间。如果产权人乙违背使用权协议或无法偿付相应土地税与使用利息，产权人甲可以收回土地使用权。在城市用地越来越稀缺的背景下，"可继承建设权"也为未来城市发展留存了更多回旋余地。

在此，有一点差异需要强调。尽管表面上"可继承建设权"与我国城市国有土地的产权形式相近，但其背后的法制基础及其所发挥的效用完全不同。两者间最大差异在于，在我国，土地一级市场产权由国家垄断。但在德国，代表公共利益的城市政府并不能垄断全部城市用地产权。在内城区，慕尼黑政府的储备土地达到 2300 公顷，但也只占城市总用地面积的 7.5%（详见下文）。政府依然要通过市场交易来储备土地资源，以保障福利性住宅的建设。不仅如此，在我国的城市开发中，配合和造就土地一级市场国家垄断的还有土地开发权的国有化制度。这样的制度安排通过国家低价征收非国有土地的方式排斥了产权市场交易可能。就这一点而言，德国"可继承建设权"及其依托的产权可全面交易性保障了不同利益集团、阶层、群体在法制环境下博弈的可能，具有民主正当性，对公民权利损害小。在政府无法全面掌控土地资源的前提下，"可继承建设权"这一法律工具对慕尼黑政府实现其社会公平价值取向的城市发展目标意义重大。

## 1.3 "环境保护"条例

20 世纪 70 年代土地改革的另一重要成果是老旧城区的"环境保护"（Milieuschutz）条例的推行。在此领域，慕尼黑同样先行一步。1971 年慕尼黑通过了"城市建筑资助法案"（Das Städtebauförderungsgestezt），要求对"经济创业年代"（Gründerzeit）[6] 的城区和建筑更新改造给予资金扶持 [7]50。1976 年，这一法规在联邦立法层面予以确认，成为联邦建筑法第 39 条的"环境保护"条例。

80 年代以来，德国城市空间的私有化进程愈演愈烈，"士绅化"进程既损害了物质空间特色也导致了社会公平缺失。借助"环境保护"条例，政府一方面保护常规层面的城市特色街区、代表性建筑、典型物质环境；另一方面，"环境保护"条例更多聚焦于传统与特色街区的人口社会组成、传统手工业、零售业产业环境的保护。在旧城更新过程中，一些旧房屋翻新和改造后往往会从租赁房屋转变成私有房屋，低收入阶层由此被排挤出原来的居住环境。依据"环境保护"条例赋予的特别审批权，如果政府认定某些项目（比如特定街区和建筑的翻新、改造、重建）违背社会公平或破坏传统，城市政府还可以行使"优先购买权"（Vorkaufrecht），按市场价优先赎买对城市形态风格和社会传统有决定影响的特定区域的房产，阻止其成为地产投资的牺牲品。但大多数时候，城市政府通过城市设计协议中的预防性申明达成这些目的，如在土地合同中限定租金标准、排除住宅向私有产权转变的可能 [8]37-39。

1987 年，慕尼黑仅有两个街区被纳入"环境保护"条例的管治区域，到目前为止，慕尼黑内城有 146800 套住宅，21 个受保护区域，占现存住宅总量的 18%（图 3-2）。

图 3-2 1990 年至 2017 年，慕尼黑内城受"环境保护"条例保护区域的变化

注：左上 1990 年，10 块；右上 2000 年，25 块；左下 2010 年，14 块；右下 2017 年，21 块。

### 1.4 土地税和地产税

除了"财产权社会义务""可继承建设权""环境保护"条例这样的法律工具，税收也是实现社会财富公平分配，遏止土地投机的重要手段。目前在德国，地产税（Grundsteuer）是政府征收的主要税种，包括土地及其地上建筑。2016 年，德国地产税以 133 亿欧元的收入成为城市政府最重要的收入来源之一，位居工商增值税和所得税之后，大致占地方收入的 10%—16%[9]23。

目前，德国正在展开是否以统一的土地税（Bodensteuer）替换掉地产税的讨论。由于历史原因，地产税的计算标准并不正式反映土地的实际价值。在土地税的征收框架下，税收来源主要取自于土地增值，劳动和资本增值税收尽可能少征收[5]43-44。

## 2. 慕尼黑本地的制度建设

如果说，上文所谈及的"财产权的社会义务""可继承的建设权""环境保护""地产税"等属于国家层面的一般性法律制度与原则，那么接下来要谈到的"住在慕尼黑""社会公平的土地使用""长期居住发展战略"则是更本地化的慕尼黑策略。

慕尼黑的土地与住宅制度建设有三方面的目标需要达成：第一，抑制房地产价格不断上涨，保障可负担住宅的充足供给，并维持相应的生活标准；第二，避免社会分化，促成阶层混合和社会交流；第三，促成土地资源高效集约使用，避免城市无序扩张，保障环境品质优美宜人。

### 2.1 以"住在慕尼黑"为主体的慕尼黑住房补助体系

慕尼黑最新的发展战略"展望慕尼黑"（Perspektive München）制定了"平衡城市"（Stadt in Gleichgewicht）的发展宗旨。按照这一方针，城市住房补助体系既要保证充足的可负担住宅供应，还要实现社会的多元混合。因此，广泛而不同的社会群体被纳入慕尼黑的住宅资助体系中，他们包括：（1）家庭，尤其有孩子的家庭；（2）中低收入的无房者（学徒、大学生）；（3）无家可归者（包括已取得难民资格的人）；（4）老人、残疾人、需受特殊照顾的社会群体；（5）政府公职人员和从事社会福利的工作者。他们的居住诉求和生活模式各不相同[10]24（表3-1）。

"住在慕尼黑"是住宅补助体系的主体部分，它主要面向工作稳定、有孩子的城市中产家庭。目前大约有 50% 慕尼黑市民能享受这一计划的资助，但慕尼黑政府希望更进一步扩大受补助市民的

表 3-1 不同收入与目标群体所对应的租金、居住时限、住宅面积等方面的需求

| | 租金 | 居住时限 | | 住宅面积 | | | | 其他 | |
| --- | --- | --- | --- | --- | --- | --- | --- | --- | --- |
| | 可负担 | 短期 (<小于5年) | 长期 (>小于5年) | 广泛的住宅类型混合 | 小型(<40m²) | 中型(40-80m²) | 大型(>80m²) | 共用公共空间 | 居住环境 |
| 家庭 | ○ | | ○ | ○ | | ○ | ○ | | ○ |
| 小型家庭 | ○ | ○ | ○ | | ○ | | | ○ | ○ |
| 学徒/学生 | ○ | ○ | | | ○ | | | ○ | |
| 公职人员，特别是短缺职业的雇员 | ○ | ○ | ○ | ○ | ○ | ○ | | | ○ |
| 老人/残疾人/需受照料的人 | ○ | ○ | ○ | | | ○ | | ○ | ○ |
| 无家可归者（总计划） | ○ | ○ | | ○ | ○ | ○ | ○ | ○ | ○ |

范围 [10]28。"住在慕尼黑"重点资助服务于长期居住的新造住宅，临时住所不是其补贴对象。作为系列计划，"住在慕尼黑"自 1989 年开始实施，每 5 年更新一次。目前第 6 版"住在慕尼黑 VI"于 2017 年 1 月 1 日生效，将持续到 2021 年年底，其间将有总共 12.5 亿欧元用于"住在慕尼黑 VI"补贴住房建设 [10]16。它是德国资助范围最广的住房补贴计划 [11]24。

"住在慕尼黑"主要面向中低收入阶层中较高收入的阶层。另两类计划则面向处于弱势地位的低收入阶层。由慕尼黑社会署（Sozialreferat）主导的"总计划Ⅲ"负责提供应急的临时住所，主要资助那些无法通过竞争激烈的地产市场获得住房的弱势群体。"为所有人而居"则介于"住在慕尼黑 VI"和"总计划 3"之间，以补充过渡性住所的不足。这一计划惠及群体包括低收入家庭、学徒、年轻职业人士以及获得承认的难民（图 3-3、图 3-4）[10]11。

## 2.2 住宅资助系统的运转逻辑

住房资助体系并不直接补贴市民住房租金，而是在"可继承建设权"框架下，通过土地和资金资助住宅承建商，间接实现资助目标：

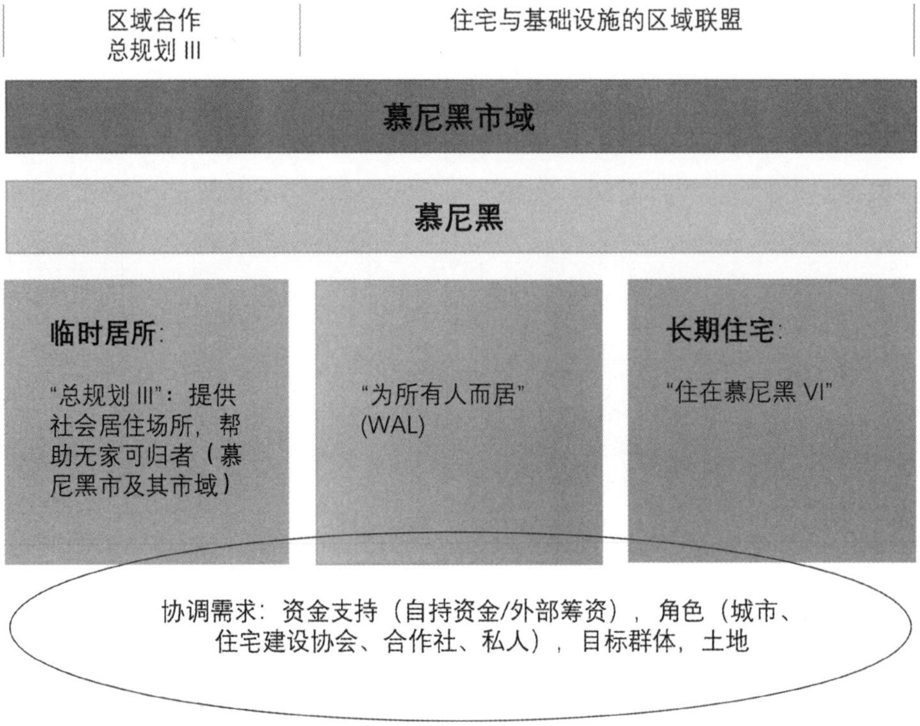

区域合作
总规划 III
住宅与基础设施的区域联盟
慕尼黑市域
慕尼黑
临时居所：
“总规划 III”：提供社会居住场所，帮助无家可归者（慕尼黑市及其市域）
“为所有人而居”(WAL)
长期住宅：
“住在慕尼黑 VI”
协调需求：资金支持（自持资金/外部筹资），角色（城市、住宅建设协会、合作社、私人），目标群体，土地

图 3-3 慕尼黑住宅政策组成

不同收入群体
无家可归者
目标群体
学徒 / 学生
小家庭
家庭
老人
公务员
特殊目标群体
收入群体
阶 I 到阶 III
收入导向资助（EOF）
慕尼黑住宅
为所有人而居
收入群体
慕尼黑模式
慕尼黑模式
收入高于慕尼黑模式的群体
概念租赁住宅

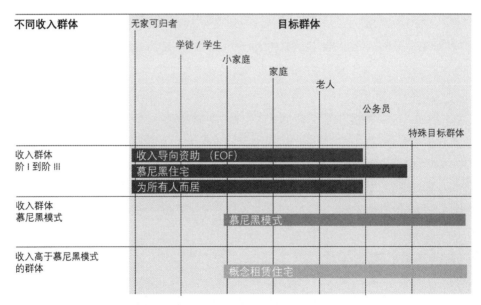

图 3-4 不同收入与目标群体的资助计划

首先，政府将自持的住宅建设用地以无关区位的统一价格（375 欧元 / 平方米楼面）分配给住宅承建商和合作社，用于租赁住宅和合作社住宅建造。承建商和合作社还可以申请政府的低息财政贷款，抵扣建造成本，以保证起始租金相对低廉（目前起始租金维持着每平方米 10.5 欧元的水准）。相应地，享受到这些优惠措施的承建商和合作社则要承诺所建部分或全部住宅用于租赁性福利住宅，补助性住宅的面积总量一般将达到 50% 左右，并相应承诺这些住宅用于出租的期限不得少于 25 年或 40 年期限（2014 年以后，新建住宅的期限始终不低于 40 年）。在此期间，未经市政府许可承建商不得出售这些住宅。此外，所建住宅需要满足城市的生态标准清单，其住宅面积不能超过国家制定的补贴性租赁住宅面积的上限[12]。

符合标准的市民按照"收入导向资助模式"（Einkommensorientierte Förderung，简称 EOF）、"慕尼黑模式"（Münchner Modell，简称 MM）以及"概念性租赁住宅建设"（Konzeptionellen Mietwohnungsbau，简称 KMB）三类申请资助，不同的模式享有不同资助标准。巴伐利亚州政府将市民收入由低至高分为 7 级（I-VI 级以及高于 VI 级）。不同收入区间对应不同的资助模式："收入导向补助"面向 1—3 级低收入群体，"慕尼黑模式"主要面向 4—5 级中等收入群体（慕尼黑模式又分为合作社和普通租客两种），"概念性租赁住宅建设"主要面向 6 级及 6 级以上的高收入群体。"概念性租赁住宅建设"由较富裕的市民自筹资金建造，住宅量一般在一个开发单元中占比 40%。这种模式仍属住宅资助体系的一部分，但补贴力度相对前述两种方式较弱。

不同层级的收入标准对应于不同的居住面积、住宅套型、住宅租金。此外，家庭人口（儿童数量）、工作年限、是否长期居住在慕尼黑、是否为首套住宅等因素都是划分面积、房型、租金的重要指标。下表是慕尼黑住宅合作社瓦格尼斯根据不同的资助模式所制定的详细的资助模式与相应的居住模式（表 3-2，表 3-3，表 3-4）。

"概念性租赁住宅建设"资助比较特殊。它针对的是私人融资的租赁住宅，主要面向那些即使收入很高，也难以通过市场找到合适住宅的家庭。在其框架下，城市住宅建设用地以现行市值进行招标，避免竞价招标和土地成本抬升，可以节省大量的建造成本。但房屋建成之后，其产权同样不能私有，需承担 60 年的租赁义务；也不能改变住宅的居住功能；不允许多次出租，且租金要根据消费者指数不断调整。当符合条件的市民来租赁这些住宅，他们可享受到低于市面价格 20% 至 25% 水准的租金。租金水平会根据市场情况每五年浮动增长一次。2015 年，受补助家庭只需支付每平方米 7.5 欧元的租金。但 2018 年后，受补助家庭需要支付的租金上涨到每平方米 10.5—12.5 欧，其价格优惠只少于市面价格 15%。这些变化反映出缓慢的通货膨胀导致整体福利总量的下降，同时也折射出受益群体的不断扩张导致的平均福利水平被摊薄。

表 3-2 住宅合作社瓦格尼斯的资助模式与标准一览。
注：EOF，即"收入导向资助"；KMB 即"概念性租赁住宅建设"；
MMG 即"慕尼黑模式－合作社"。

| 资助模型 | EOF 1 | EOF 2 | MMG III | MMG IV | KMB |
|---|---|---|---|---|---|
| 收入界限 | EK I | EK II | EK III | EK IV | 无 |
| 房租（每月） | 5.65 欧 /m² | 6.65 欧 /m² | 9.60 欧 /m² | 11.00 欧 /m² | 12.40 欧 /m² |
| 商务份额（一次支付） | 150.00 欧 /m² | 400.00 欧 /m² | 750.00 欧 /m² | 800.00 欧 /m² | 850.00 欧 /m² |
| 收入证明 | 必须出示 | 必须出示 | 必须出示 | 必须出示 | |
| 住宅面积 | EOF 指标 | EOF 指标 | MMG 指标 | MMG 指标 | KMG 指标 |
| 是否为慕尼黑首套住宅 | 必须是 | 必须是 | | | |
| 无间断在慕尼黑居住或工作 | | | 至少 3 年 | 至少 3 年 | |
| 有孩子的家庭；无间断在慕尼黑居住或工作（包括远郊 14 区） | | | 至少 1 年 | 至少 1 年 | |
| 固定于合作社的年限 | 40 年 /60 年 | 40 年 /60 年 | 40 年 /60 年 | 40 年 /60 年 | 40 年 /60 年 |

表 3-3 住宅合作社瓦格尼斯的收入标准与资助模式对应表

| 资助模型 | EOF 1 | | EOF 2 | | 慕尼黑模型 III | | 慕尼黑模型 IV | | KMB |
|---|---|---|---|---|---|---|---|---|---|
| 收入界限（欧元） | EK I | | EK II | | EK III | | EK IV | | 无 |
| | 年净收入 | 年净收入 | 年净收入 | 年净收入 | 年净收入 | 年净收入 | 年净收入 | 年净收入 | |
| 1人家庭 | 12000 | 18000 | 15600 | 23200 | 19000 | 28100 | 26400 | 38700 | 无收入界限限制 |
| 2人家庭 | 18000 | 26600 | 23400 | 34300 | 29000 | 42300 | 39600 | 58500 | |
| 3人家庭 | 22100 | 32400 | 28700 | 41900 | 35500 | 51600 | 48500 | 72200 | |
| 4人家庭 | 26200 | 38300 | 34000 | 49500 | 42000 | 60900 | 57400 | 86000 | |
| 5人家庭 | 30300 | 44200 | 39300 | 57100 | 48500 | 70200 | 66300 | 99700 | |
| 每增一名家庭成员 | 4100 | 5800 | 5300 | 7600 | 6500 | 9200 | 8900 | 12500 | |
| 每个儿童 | 500 | 700 | 750 | 1100 | 1000 | 1400 | 1500 | 2100 | |

表 3-4 住宅合作社瓦格尼斯的资助模式与家庭规模、住宅面积对应表

| 收入导向资助 | 慕尼黑模式 /概念性租赁住宅 | | |
|---|---|---|---|
| 人数 | 人数 | 最大住宅面积 | 最多房间数目 |
| 1 | | 45m² | 1 |
| 2 | 1 | 60m² | 2 |
| 3 | 2 | 75m² | 3 |
| 4 | 3 | 90m² | 4 |
| 5 | 4 | 105m² | 5 |
| 6 | 5 | 120m² | 6 |
| 7 | 6 | 135m² | 7 |

### 2.3 "社会公平的土地使用"

"社会公平的土地使用"（Sozialgerechten Bodennutzung，简称 SoBoN）条例也是慕尼黑率先提出的系统性城市设计和规划工具。1994 年 3 月，慕尼黑议会通过决议，要求规划受益者出计土地增值，承担一定面积比例的公共服务和基础设施建设费用，分担规划及基础设施投入的成本，这一决议被称为"社会公平的土地使用"。所谓规划受益人，既指土地私人所有者、投资者、地产公司、私营企业买主，也包括联邦政府、州政府及慕尼黑城市政府自身。

作为规划调节工具，SoBoN 成为政府与私人业主间构建合约的系统平台。具体而言，SoBoN 既被用于建筑审批程序，也被用于规划合同和土地使用协议中。市政府为此专门设立办公室，审核规划前（初始值）和规划后（最终价值）的土地价值差，计算所增加的价值及需转移的增值[13]8。制定 SoBoN 的目的在于排除房地产业投机性积累，同时将城市规划中的社会公共性意图植入具体实施建设过程中。

按照 SoBoN 的原则，慕尼黑市政府可以要求规划收益人让渡部分土地收益，以平衡如下几方面的费用：（1）规划收益人需要承担所在地块的道路开发和绿化设施的建设费用，例如人行或自行车道路的建设；（2）规划受益人需要承担所在地块的公服设施，如幼儿园、小学的建设（但实践中，他们通常会支付 66.47 欧元 / 平方米的费用来代替这些建设活动[13]8）；（3）规划受益人被要求平衡开发建设对自然生态和景观的破坏和影响；（4）规划受益人要求建设一定份额的补助性住宅，提供给中低收入阶层。对于私有土地这一份额一般会达到 30%，对于政府所有土地，这一份额会达到 50%；（5）在个别情况中，SoBoN 会要求规划受益人采取措施保障地区商业和手工业业态结构，保证地区的混合性。

2017 年，慕尼黑政府更新了 SoBoN 的条例，将私有土地上的受补助租赁住宅份额提升到 40%，另外要求保留 10% 的价格受限的租赁住宅，其租赁年限不低于 30 年[8]41。

### 2.4 可持续的土地管理策略

要实现长期有效的可负担住宅供应，还少不了可持续的土地储备与战略性用地管理制度。慕尼黑市政府富有远见的土地赎买政策为其实现社会住宅建设目标留有很多余地。早在 1966 年，市长福格尔就主导购置了城市西南弗莱海姆（Freiham）170 公顷的农田，用于城市住宅建设。当时的城郊农田片区到今天已是为数不多的几片完整的、规模较大的住宅基地。另外，自 20 世纪 90 年代以来，慕尼黑由于裁撤军队、机场搬迁以及铁路公司建设等因素会突然涌现出许多空置用地。市政府在 90

年代初期就已开展探索使用和开发这些用地的策略。其中的一个举措是低价购得这些土地，进而"冻结"价格以留待未来住宅开发和建设。例如，1992 年因机场北迁而遗留旧机场用地——城市东郊的利姆（Riem）的开发就是典型的一例"冻结"操作。1992 年获得这片土地以后，市政府抵制住诱惑，并未将其出售给私人以获取暴利。经过十余年的建设，这片距城市中心仅 7 千米的 560 公顷用地已建成为集居住、会展、商业设施复合多功能新城，拥有居民 14500 人，就业岗位 13800 个 [8]45。

自 2015 年开始，由于慕尼黑移民数量的激增，城市政府再次调整自己的土地管理政策。自 2017 年开始，市政府原则上不再出售自己持有的土地。所有土地都会依据"可继承建设权"的模式协议发放。城市 2015 年总计购入 50 公顷用地，但只出售了 11.5 公顷，目前城市在内城区的土地储备达到了 2300 公顷之多，大致是城市总用地面积的 7.5%。相对于其他大城市如汉堡、维也纳，慕尼黑政府实施贯彻社会住宅计划时要顺利很多 [8]45。

精细的用地及空间管理策略还包括深度挖掘现有城市空间潜力。其中，2007 年制定的"长期居住发展战略"（Langfristige Siedlungsentwicklung，简称 LaSie）给出了"再密度化""再结构化""新开发"三种手段，以期尽可能挖掘城市空间潜力。所谓"再密度化"是指在已有建筑物上加建或补建，增加空间容量。慕尼黑有些住区特点很统一，它们大多形成于五六七十年代。这些建筑物既不属于纪念物和整体保护范畴，产权相对统一，同时也不节能，需要重新整修。如果能突破已有建造权约束，在已有建筑物上加建或补建，可以提升地块的居住空间容量 [14]23-28。所谓"再结构化"主要针对结构性空置用地的处理。通过变更非居住用地性质，将其转变为混合 / 住宅区域，可以产生更多居住空间。前文所述的功能结构性转用地大多属于这一类非居住用地范畴，包括：遗留的兵营用地（多马克帕克军营 -Domagkpark-Kaserne）、工业用地（火车东站的工厂区）、铁路和机场交通运输用地（德国铁路公司的轨道交通场地）等 [14]28-31。"新开发"则是最为常规的策略：在城市发展边界固定的条件下，适度开发城市边缘区非建设用地，以农业、绿化土地或体育用地为主，也可以增加住宅供给。前述弗莱海姆（Freiham）新区就属于这一类开发。但这部分用地开发以后，慕尼黑政府也面临着再无多余未开发用地的困境 [14]31-32。因此对于这一策略，慕尼黑市政府使用得也相对比较审慎（图 3-5）。

## 2.5 多元主体

慕尼黑住房政策的主要执行者和行动者包括住宅建设协会（Städtische Wohnungsgesellschaften）、住宅合作社（Genossenschaften）、建造共同体（Baugemeinschaften）、基金会以及企业。他们在慕尼黑住宅的建设中分别承担着不同的角色。

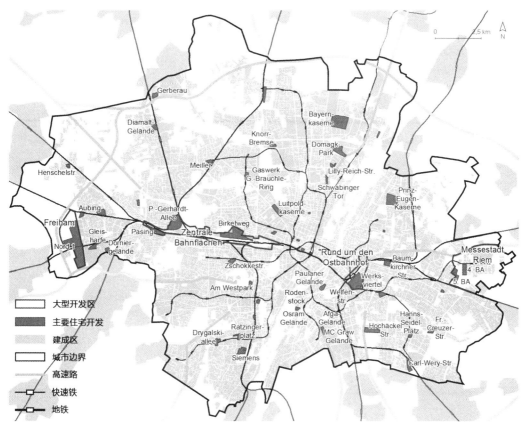

图 3-5　慕尼黑大型住宅开发项目（2015 年）

住宅建设协会：慕尼黑有两个住宅建设协会——"非营利住房福利股份有限公司"
（Gemeinnützige Wohnungsfürsorge AG，简称 GEWOFAG）和"慕尼黑城市住房建设公司"（Städtische
Wohnungsgesellschaft München mbH，简称 GWG）。这两个住宅建设协会成立于 90 多年前，是官方
全资的住宅建设和管理机构。住宅建设协会负责各项住房政策的具体落实。为各阶层市民提供有保
障的住房，新建、租赁、管理住宅是其主要职能。此外，存量住宅的节能翻新和维修也是其主要工作。
他们管理着约 62,000 个住宅单元（截至 2015 年 12 月 31 日，其中约 59,000 套公寓为其自持产权），
占慕尼黑住房存量的 8% 左右，每 10 个慕尼黑居民就有 1 个住在他们开发管理的住宅中[10]89。

这些机构同时还负有监管慕尼黑房地产市场的职能。和私营公司不同，利润最大化不是他们的
主要目标。GEWOFAG 和 GWG 要完成政府每年制定的战略和运营目标，这些目标被嵌套在"住在
慕尼黑"的框架内推行。

住宅合作社：合作社成立的主要宗旨是为其成员提供有保障的住宅，它不以资本增值为目标。目前慕尼黑大约有 50 个住房合作社。在慕尼黑住房政策体系中，它们发挥着关键的作用。通过合作和自发建造，而不是市场购买就能获得有保障住宅。但住宅合作社自身无法承担土地成本，如果没有市政府的支持，住宅合作社也难以实现他们的目标。按照慕尼黑的政策设计，市属土地的 20%—40%，如原有兵营或新开发用地，必须供应给住宅建设协会或住宅合作社。由于没有营利取向，住宅合作社可以在建筑创新方面做出重要贡献（独特的居住模式、住宅生态节能措施、创新的共同使用空间等）。截至 2015 年底，城市所有用地范围内，州和市政府补贴过 22 个合作社项目，约 1500 个住房单位 [10]91。

建造共同体：建造共同体由数个有自建住宅意愿的家庭联合而成。和住宅合作社一样，他们获得住宅的渠道也不是"传统"的市场。建造共同体成员参与社区的早期规划，他们与建筑师（或建造咨询师）共同控制社区的规划和施工。参与过程培养了共同体成员的认同感。和合作社一样，建造共同体也可以申请政府预留的福利建设用地。在社会福利优先原则下，政府土地使用权未来将优先授予建造共同体 [10]93。

基金会：虽然基金会并非慕尼黑住房政策的主要行动主体，但市政府也有意引导私人土地和资金去承担部分可负担住房责任，可在一定程度上缓解可负担住宅供给的紧张。基金会深度参与的可能性在于他们庞大的不动产储备。虽然他们通常不会出售这些物业，但可以通过"继承建设权"模式下激活这些物业，将之用于出租住宅 [10]93。

企业：慕尼黑高房价逐渐将低收入者排挤出内城。他们不得不迁往租金低廉、通勤距离远的郊区。市民们获得高质量且价格廉价服务的成本在增加。慕尼黑市政府试图通过创新示范项目，吸引雇主投入住宅赞助中，以缓解服务成本不断推高的困境。为实现这一目标。市政府也为企业准备了一定量的福利建设用地，以便于这些企业为其雇员自建住宅。对城市发展很重要的行业，劳动力紧缺部门的企业会被重点关照 [10]93。

## 3. 慕尼黑住房政策的借鉴意义

慕尼黑住房与土地政策是德国最全面、涵盖范围最广泛的政策。对于德国住房和土地政策讨论而言，慕尼黑可看作典型标本。它是慕尼黑市政府实现社会公平，维持城市竞争力的主要工具。这一政策体系对于我国社会住宅及其政策体系建设有很强的借鉴意义。

慕尼黑住宅与土地政策层次清晰，体系完整。基于对慕尼黑的社会组成清晰定位和分析，针对不同群体的居住需求及其空间定位，这一政策有多样的资助方式，可以让有限资金发挥更大的效益，可以照顾到最大范围的不同类型社会群体。这一政策体系还力图全面调动所有可用工具，涉及金融、城市规划、法律法规、建筑学、社会学等多个学科的交叉。由此，住宅建设和分配将必然超出单纯物质空间建设，而向全面的社会—经济—空间体系建设转变。而且，这一任务也不可能单纯靠政府自身力量就能完成的，必须尽可能地动员全社会的力量参与进来。被动用的社会资源可以是资产投入，如基金会和企业；也可以是社会组织和动员，如合作社和建房协会。相应地，政府在土地和资金两方面的扶持必不可少。在每个项目具体落实上，城市住宅协会、住宅合作社、建筑协会等多种社会力量的协助必不可少。此外，慕尼黑住房政策对可持续性的重视也值得我们学习。可持续性的考虑一方面体现在如何平衡土地使用、环境保护与巨大住宅需求的矛盾，另一方面也体现于如何调控住宅建设以实现社会多样性和混合性，保证社会可持续性。

当然，慕尼黑现有的住宅制度并非十全十美。比如，SoBoN 就存在沟通成本过高，执行效率低的问题。执行 SoBoN 的前提是规划区域的所有产权所有人能够自愿达成共识。在规划区域内，所有产权人都能接受以社会公平为导向的土地管制并能够缔结合约时，房屋建造的权利才能被批准。如果某个关键地块的产权所有人不能接受 SoBoN 条款规定，住宅项目就很难实施。此外，过于追求平均主义，且过高的社会福利标准往往造成设施重复建设和资源的浪费。按照 SoBoN 要求，所建设住宅的设施配比要求很高，为保证公平性，即使有些用地条件不好的新建住宅也要考虑足够的基础设施配给，比如通往地铁的通道，或者修建噪音隔离措施，这些往往是重复建设，不经济，造成浪费。

尽管如此，慕尼黑住房政策体系因其完整性和可行性，是社会公平和城市繁荣的重要基石，也为形成多姿多彩的城市风貌提供了必要的制度支撑。对于我国的住宅和城市建设而言，其借鉴意义不言而喻。

# 注 释：

[1] R. Varkki George. A procedural explanation for contemporary urban design [J]. Journal of Urban Design, 1997, 2(2): 143-161.

[2] 张翔 . 财产权的社会义务 [J]. 中国社会科学 , 2012(9): 100-119.

[3] 1949 年的德国基本法（Deutsche Grundgesetz）第 14 条款原文为："Eigentum verpflichtet. Sein Gebrauch soll zugleich dem Whole der Allgemeinheit dienen." 这一条款被简称为"财产权的社会义务"（Eigentum verpflichter）。

[4] Michael Stellmacher. Erbbaurecht [J]. Bauwelt, 2016, 24: 29.

[5] Ilkin Akpinar, Lorenz Seidl. Glossar bodenpolitik [J]. Archplus, 2018, 231:42-45. 这种"单一地价税"的设想始于亨利·乔治。1879 年，他在《进步与贫困》一书曾提出以单一地价税取代其他税收形式来重新分配土地增值收益的设想。

[6] 经济创业年代（Gründerzeit）指 19 世纪中期，德国和奥地利及其他中欧国家两国经历工业化，经济大发展的时期。这一时期大致开始于 19 世纪 40 年代，结束于 1914 年。

[7] Fabian Thiel. Das bodenrecht in der bundesrepublik: alles schon mal debattierrt? [J]. Bauwelt, 2018, 6:48-53.

[8] Stephan Reiß-Schmidt. München – viel geleistet, teuer geblieben [J]. Bauwelt, 2018, 6:34-46.

[9] Henry Wilke, Ulrich Kriese. Den markt steuern [J]. Bauwelt, 2018, 6:23-27.

[10] Referat für Stadtplanung und Bauordnung, München. "Wohnungspolitisches handlungsprogramm - wohnen in München VI 2017-2021"[R]. 2017.

[11] Elisabeth Merk, Kaye Geipel. Riem und ackermannbogen würden heute wohl dichter bebaut [J]. Bauwelt, 2012, 36: 23-26.

[12] https://www.muenchen.de/rathaus/Stadtverwaltung/Referat-fuer-Stadtplanung-und-Bauordnung/Wohnungsbau/Muenchen-Modell-Mietwohnungen.html.

[13] Referat für Stadtplanung und Bauordnung, München. Die sozialgerechte bodennutzung – der münchner weg [R]. 2009.

[14] Ernst Basler und Partner AG, Zürich. Langfristige siedlungsentwicklung - konzeptgutachten [R]. 2013.

## 图片来源：

图 1：Referat für Stadtplanung und Bauordnung, München. Wohnungsbauatlas für München und die Region [R]. 2016:11.

图 2：Referat für Stadtplanung und Bauordnung, München. Erhaltungssatzungen in München: 30 Jahre Milieuschutz (1987-2017) [R]. 2017:12-15.

图 3：作者根据 Referat für Stadtplanung und Bauordnung, München." Wohnungspolitisches handlungsprogramm - wohnen in München VI 2017-2021"[R]. 2017:11 图 3 翻译整理。

图 4：作者根据 Referat für Stadtplanung und Bauordnung, München. "Wohnungspolitisches handlungsprogramm - wohnen in München VI 2017-2021"[R]. 2017:24 图 9 翻译整理。

图 5：作者根据 Referat für Stadtplanung und Bauordnung, München. "Wohnungspolitisches handlungsprogramm - wohnen in München VI 2017-2021"[R]. 2017:34 图 13 翻译整理。

表 1：作者根据 Referat für Stadtplanung und Bauordnung, München. "Wohnungspolitisches handlungsprogramm - wohnen in München VI 2017-2021"[R]. 2017:25 图 10 翻译整理。

表 2、表 3、表 4：www.wagnis.org

# 第四章 从建筑自治到集体价值

1996年，建筑师利兹·利策（Ritz Ritzer）和莱纳·霍夫曼（Rainer Hofmann）共同创立了伯格维施事务所（bogevischs buero），现已成长为慕尼黑知名的建筑事务所之一。事务所设计风格多样而富有个性，目前已完成近50余项城市设计与建筑设计作品，遍及德国。其项目以住宅为主，兼顾其他类型。他们的设计获得同行高度认可，赢得了一系列重要的奖项，比如，2014年雨果—汉宁奖、2015年优秀住宅荣誉奖、2016年德国城市设计奖、2017年德国景观设计奖、2018年德国可持续性建筑协会大奖（DGNB）、2018年德国建筑博物馆奖（DAM）。瓦格尼斯阿特项目（wagnisART）是建筑师和社区成员共同设计的项目（图4-1）。项目建成后获得广泛的好评，目前正处于德国经济适用型住宅（affordable housing）与社会合作社的讨论与研究的焦点。

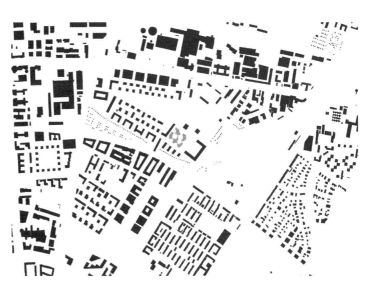

图 4-1 住宅合作社瓦格尼斯阿特黑白总图

和德国其他小型建筑设计事务所一样，伯格维施一开始起步于公开的设计竞赛。1999年，事务所赢得了斯图加特一座大型办公楼的竞赛。两年后，他们又赢得了慕尼黑北郊一栋学生宿舍的竞赛。从此事务所在竞争激烈的设计市场中站稳脚跟。直到今天，事务所主要业务来源仍然是设计竞赛（详情见后文访谈）。而慕尼黑学生公寓的成功也将事务所主要业务带入福利性集合住宅领域。事务所两位创始人，利兹·利策和莱纳·霍夫曼早年同在慕尼黑工大建筑系学习，毕业后又曾在德国、英国、美国等多地学习工作。霍夫曼早年在美国爱荷华州立大学任教期间曾探索过"非确定性建筑"的设计方法，通过制定简单的规则体系引导学生完成形式的自由创造。在与住宅合作社组织合作过程中，霍夫曼将过去的参与式设计研究融入设计实践中。这一探索在瓦格尼斯阿特项目中获得了极大的成功。

我们有幸在事务所位于诺伊豪森（Neuhausen）的办公室采访了项目主创莱纳·霍夫曼和尤利乌斯·克拉夫科（Julius Klaffke），就建筑自治性、建筑师的权威、住宅合作社等问题进行了交流。

时间：2017年12月6日，14:00—15:00
地点：伯格维施事务所，慕尼黑舒尔大街5号，80634
访谈者：杨舢，朱天禹
受访者：莱纳·霍夫曼（事务所合伙人），尤利乌斯·克拉夫科（项目建筑师）

## 1. 背景

### 慕尼黑的住宅短缺与城市对策

慕尼黑是德国南部中心城市。城市经济发展势头良好，年GDP增长率达到4.4%[1]，远高于其所属的巴伐利亚州以及德国整体的水准。根据统计，城市人口将从2016年的157万增加到2035年的185万，20年将净增30万人口[2]。与此相应，住宅年需求量将达到8500套。目前85.2万家庭使用着78万住宅单元（图4-2）。显然，快速增加的人口和相对紧张的土地资源将会导致住宅短缺。

紧张的住宅供给势必会推高城市房地产价格。逐渐上涨的房租和土地价格已经体现出这一

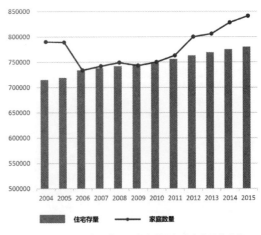

图 4-2 自 2004 年以来，慕尼黑家庭数量与住宅存量的比较

趋势。这种状况威胁着城市的社会可持续性。"确保充足的可负担住宅供应是慕尼黑城市发展政策面临的重要挑战"[3] 成为慕尼黑市政府的行动政策计划——"住在慕尼黑（Wohnen in München）"的基础。

为缓解居住空间的紧张，应对房地产价格的上涨，慕尼黑市政府试图挖掘城市的空间潜力，增加用于住宅建设的土地供应。"再密度化"（qualified densification）、"结构转化"（restructuring）、"边缘区新开发"（development on urban fringes）成为城市发展的三个主要策略。其中，"结构转化"是将城市原有因功能衰退、突变造成的闲置地，如前军事用地、机场等，转化为新住宅和商业建设用地。

除了增加住宅供给，城市政府还鼓励多元主体参与社会住宅建设。这些多元主体包括慕尼黑住宅联合会（Städtische Wohnungsgesellschaften）、建造协会（Baugemeinschaften）、住宅合作社（Wohnungsgenossenschaft）以及一些基金会。它们和其他大型开发商相互竞争，在实现可负担住宅发展上发挥着很重要的作用。这些多元主体一方面抑制了房地产市场的投机，稳定了住宅的价格，同时也担负起社会稳定者的角色[4]。

一般而言，住宅合作社、建造协会以及其他以社会公平为取向的社团没有足够的经济实力按市场价格购买建设用地，市政府以多种形式向他们提供资助。1989年颁布的《社会公平的土地使用规定》（Sozialgerechten Bodennutzung）是市政府资助方式之一。按照这一规定，40% 新推出的土地需面向社会使用，并按照不同比例向不同的次级住宅资助模式分配。以社会公平为取向的社团，受资助的联合会可以通过这种方式从市政府获得土地补助（图4-3）[5]。

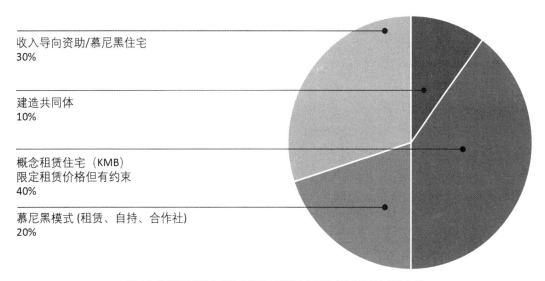

图 4-3 各类资助程序与资助类型下，其新建住宅的（城市产权）用地比例

### 瓦格尼斯和瓦格尼斯阿特

慕尼黑目前有超过 40 余家住宅合作社。成立于 2000 年的瓦格尼斯（wagnis）是一家年轻的住宅合作社。和其他合作社一样，其宗旨是通过共同规划、共同建设、共同居住为其成员提供社会和经济环境可靠的住所，自我决定居住形式，建设和睦的邻里关系。不同于传统的购买和租赁方式，这种自我资助、自我建造的方式被称为"第三种模式"[6]。

瓦格尼斯成员是他们自有产业的租赁者，每个成员仍需为其住宅支付一定的租金。但相对于市场价格，这种租金低廉很多。合作社成员拥有终生使用权，也可以把这种使用权继承给后代，或是自由退出使用权，只是个人没有独立的产权。住宅所有权属于共同体。所有资产收益归属合作社，所有的债务亦由合作社来承担。对于合作社而言，住宅不是投机物。

瓦格尼斯主要根据三种资金模式和条件来招募成员，即 EOF（收入定向资助，Einkommen-Orientiertes Föderung），MMG（慕尼黑模式合作社，München Modell Genossenschaft），KMB（概念租房，Konzeptioneller Mietwohnungs-Bau）[7]。它们是慕尼黑市政府以资金补助社会住宅的三种模式。前两者是市政府资金补助中低收入家庭的模式；KMB 是私人融资参与租赁住宅的一种模式，通过这种模式，租户可以享受优惠租金。

迄今为止，瓦格尼斯有 7 个项目已完成或正在进行中[8]，并斩获各类奖项。访谈中将要介绍的项目——瓦格尼斯阿特（wagnisART）被授予 2016 年德国城市设计奖和 2017 年德国景观设计奖。瓦格尼斯阿特完成于 2016 年，有 5 栋单体、138 套住宅单元、总建筑面积 10610 平方米。它所处的基地多马克帕克（Domagkpark）原为城市北部边缘区的一片 24 公顷大的军营用地（图 4-4）。军队撤出后[9]，该用地被艺术家接管和占用。自上一十年开始，在"再度密化"

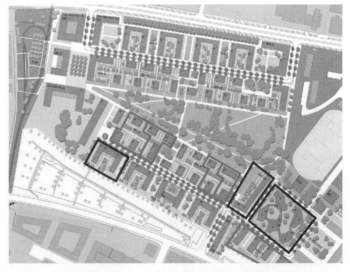

图 4-4 多马克帕克住宅区，住宅合作社与建造共同体的不同用地

注：建造共同体用地（浅色方框）占总用地 17%，共建有 230 套住宅；住宅合作社用地（深色方框）占总用地 19%，共建有 267 套住宅。

（qualified densification）和"重构"的策略下，这片利用率不高的用地被整合为住宅开发用地。整个基地上将建设 1800 套新住宅，其中半数获得市政府的资助。

## 2. 访谈

### 事务所介绍

杨舢：感谢您能接受采访，首先请您向读者介绍一下伯格维施事务所。它的成立时间、现有规模如何？事务所和瓦格尼斯合作了多长时间？

霍夫曼：很高兴能向中国读者介绍我们的事务所。1986 年到 1996 年，我在慕尼黑工大、法国东巴黎大学、美国爱荷华州立大学学习。当结束了慕尼黑的学习过程后，我开始与现在的合伙人，利兹·利策参与设计竞赛。1999 年，我们赢得了第一次设计竞赛。那是斯图加特的一个大型办公楼，办公空间面积达到 15000 平方米 [10]。最终我们获得设计合同，并得到工作机会，从这个大型建筑物开始，我们启动了事务所。两年后的 2002 年，我们赢得了第二个设计竞赛。这是慕尼黑北面的一个学生住宅项目，红色外立面的学生宿舍菲尔斯塞内肯盎格（Student Housing Felsennelkenanger），项目委托人是慕尼黑学生工作处（Studentenwerk München）（图 4-5）[11]。这两次设计竞赛让我们获得

图 4-5 慕尼黑学生宿舍菲尔斯塞内肯盎格

报酬颇丰的合同，它们是这个年轻事务所的两块奠基石。目前，设计竞赛仍是我们获得项目委托的主要途径。事务所尝试范围有限但匿名的设计竞赛，我们欣赏这些设计竞赛的决策方式，它们根据最好而不是最大"名气"来比选方案。事务所目前仍有很多设计合同来自这些竞赛。现在我们成长为一个有45名员工的事务所，有五位主创设计师——尤利乌斯以及其他人。他们职责范畴不同，共同支撑着事务所的运作。

事务所事业始于斯图加特的办公建筑。但赢得第二次设计竞赛时，我们就转入公共资助的住宅设计领域。在巴伐利亚州，学生宿舍的50%建设费用由州政府资助。自此之后，我们从来没有离开过住宅领域。在欧洲，尤其在德国，公共项目必须通过公开招标合同来展开，且有严格的申请标准。只有在这一专门领域有相应业绩记录（track-record），才可以申请。而事务所已经拥有社会住宅领域的业绩记录，因此申请住宅领域的竞赛资格会相对容易一些——我们在这一领域的开拓一开始并不是刻意的。这就是我们现在的情况。

## 社会住宅的特殊之处

德国社会住宅领域的有趣之处在于这一领域不断增加的潜力客户——它们被称为合作社（cooperative/ Genossenschaften）。不同收入、社会地位、背景的人聚集于这些合作社中。他们共同拥有土地和建筑的产权。合作社是非营利的。也就是说，他们仅仅是实现合作社自己的目标，而不是获得建房之外的收益。相对于传统项目开发，这是个重要的优势。由于不会受困于营利目的，他们能够详细地设定自己的目标——想在哪里造房子，可以用这些房子做什么，内容是什么，用什么结构。因此这成了一种更进步的研究和设计项目内容的方式。

在为合作社设计的过程中，我们认识到使用和开发这些合作社建筑的人们会表达出一些独特的需求。传统开发模式中这种需求常被否认。比如，瓦格尼斯阿特有大量的共有空间。这样空间很难在传统住宅开发中实现，因为客户一般没有这样的需求。新合作社实践证明共有空间需求很大，之后很多人也开始确信这一点。

在合作社，客户和租户是一体的。如果你去看瓦格尼斯阿特（图4-6），你会意识到，每个剩余角落总会用于公共用途，比如图书馆、洗衣房、聚会场所或音乐场地。除去这些用来会面的场所，这里还有大量用作其他用途的空间。有些空间是用于理疗诊所，有些是艺术工作室。这里还有一个很大咖啡店，不仅服务于合作社的成员，同时还为整个社区提供会面场所。

图 4-6 傍晚的瓦格尼斯阿特东侧内院

杨舢：您在住宅项目中有很多积累，特别是和住宅合作社、建造共同体的合作。我很感兴趣的是，您的事务所如何引导合作社成员的参与以及参与过程，如何引导不同利益群体走到终点的？

霍夫曼：这是个好问题，但很难回答。我们和不同的合作社一起工作过。我们最初一起工作的合作社是"大众住宅协会"（Verein für Volkswohnungen），位于瑞纳塔大街（Renatastrasse）。这是我们的第一个合作社项目。"大众住宅协会"是一个很老的建制化合作社，始于 19 世纪下半叶，其组织方式很传统，由三人组成的董事会进行管理。他们对共同空间（communal space）以及人们如何更好地住在一起很感兴趣。和他们讨论也很有收获。但不像在瓦格尼斯所做的那样，那里没有后来使用者的参与。我们现在还为"慕尼黑市立住宅协会"（Beamtenwohnungsverein München e.G.）工作，这也是一个建制化的合作社，正在施瓦宾的帕克施塔特（Parkstadt Schwabing）建造新的住宅[12]。我们可以详述很多在瓦格尼斯阿特项目中创立的点子。但还是这样，这只是一次传统的参与过程，在不同的阶段，我们和两到三名董事会成员讨论方案，而将要搬去居住的人们不会牵扯到设计过程中。

## 瓦格尼斯：深度参与和认同构建

与瓦格尼斯的合作则有些不同。15 年前，瓦格尼斯启动了他们的第一个项目 [13]。他们的目标之一是重塑合作社成员参与创造建筑的方式。这带来了两重效应。第一重效应是，形成建筑的方式被改变，这即意味着建筑师必须重新思考自己的角色。第二重效应是，这一大量深度参与过程会让参与这一过程的人们对整个过程，随后对整个项目产生极强的认同感。我们可以看到结果——建筑的建成部分有种私密性，有种被占用的感觉，尽管这里没有个人所有权。这点很有趣。合作社成员没有住宅和地块的个人所有权，任何东西都不能声称是个人的。他们有共同所有权和很强的集体认同。比起其他合作社，比如"慕尼黑市立住宅协会"或"大众住宅协会"，他们的集体认同要强很多。因此，把他们和实际的土地、实际的建造物联结起来的方式会改变一些东西。

我回到您的问题。我们和瓦格尼斯的合作始于十年前的"瓦格尼斯 3"（wagnis 3）（图 4-7、图 4-8）[14]。这个项目位于利姆（Riem）[15]。我们知道的只是传统的设计（方法），不了解合作社如何工作又如何思考。我们开始时很天真，直接就去找这种东西。这很艰难，因为他们要求极其苛刻，而我们又没有事务所现在这样的（工作）结构，可以处理持续变化的大量利益诉求，我们必须花很多时间去收集这些诉求。他们有一个要求很高的会长——伊丽莎白·霍勒巴赫（Elisabeth Hollerbach），她掌控着整个过程。但某种意义上，对他们要求的参与结构中发生的复杂性和权威的丢失，我们还没做好准备。今天当我再回头看瓦格尼斯 3 时，这是一个好建筑，我很喜欢它，我喜欢去那儿，而且人们也认同这一建筑。这很有趣，他们在这里很快乐。但这里有些地方，如果他们没有和我交流，如果他们没有参与这个项目，可能当初我会设计得不同现在，更合乎逻辑，少些混乱。因此，很有趣的是，这些住户很认同这一项目，他们真的很高兴住在这里。而唯一不高兴的人（如果有那么一点儿的话）似乎是我们建筑师，因为那里有些地方缺乏设计合理性。

## 参与过程作为设计目标

现在来谈瓦格尼斯阿特，我们想反思怎么做到这一切的——对过程本身进行思考。这导致了两个结果。第一，我们要找到一个胜任这项工作的人，一个积累了很多能力的人。很幸运，尤利乌斯·克拉夫科几年前加入了事务所，他天生是个建筑师，此外还有任教经历，可以胜任这一工作。他对住宅做过研究，知道如何构建特定的方案，有良好的理论知识，并对渐进式设计方法很感兴趣。

而第二步是，重新设计实际的设计过程。一开始它就是一场实验。我们觉得必须用基于规则的建造方式来工作。这几乎就像是基于计算机的参数化设计方法，同时也依赖于集合规则。简单规则

图 4-7 位于利姆的瓦格尼斯 3 住宅外景

图 4-8 瓦格尼斯 3 住宅内院

允许简单变化从而获得复杂性，可以重复变化或以某种改变参数的方式实现变化。但是这些后来改变设计规则的参数由未来的租户和他们个人投入决定，租户成为这一过程的启动者。产生的附加好处是，整个过程让参与者不仅认同项目和设计过程，同时也认同项目背后的体系。这既有趣同时又有挑战性。住户成为项目设计过程的一部分，和整件事情不可分离。比起"瓦格尼斯3"，这一项目中所能实现的使用者与项目过程的内在联系要复杂得多。瓦格尼斯阿特关键的设计理念是让建筑师脱离传统理念，即认为人们能在设计的早期阶段能终结掉方案。简而言之，这就是我们所研究出来东西，已成为瓦格尼斯阿特的工作基础。

杨舢：德国城市设计大奖评审委员会的获奖评语提到："一开始，设计师就用设计草图和模型让众多客户参与共同设计过程，过程的调节很谨慎：建筑师称这一过程为'参数化群体设计'。"你们设定了规则，定义了规则，那么接下来的问题是，你们如何定义规则？

霍夫曼：要再次指出，我们仍处在实验的层面。我们不得不采用这样的方式，没有一个固定不变的规则手册。多年来，我曾用许多不同方式实验过这种非确定性建筑。经历这一过程后，这种非确定性建筑对我们并不是全新的。在美国做助理教授时，我曾教过三年级的学生。我们用混凝土块工作，动用过3000块混凝土块。我试图和学生们一起设计以规则为基础的体系，让学生们建造出自己的共同住宅。我们研究非常简单的规则，一个规则的集合体系，如何在空间里安放混凝土块——只有两三条必须要遵循的原则。可以看到，这其中完全简单、非同寻常的规则有产生极为复杂结构的巨大潜力。而关键是要允许这些规则存在。人们必须接受它们，就像是一个游戏计划。我们能通过这个游戏在里面交流。但首先必须接受规则。如果来玩大富翁，你说你要所有旅馆都是你自己的，这就没什么意义。你必须接受写进手册里的规则，承认手册有约束力，尽管会放弃某种程度上的自主性，但你却能参与进来。

所以当第一套规则启动时，我们买了150个或200个折叠的、可移动的卡纸板盒到工作室现场，让人们按照完全自由的规则来创造他们想做的东西，创造分隔空间化的工作。很自然，其结果一定程度被使用的元素所决定，这个元素就是卡纸盒（图4-9、图4-10）。

第二步，在这个短期工作坊中，他们不得不置身于这一结构，发现并创造自己的场所。对于他们来说，这个过程很困惑，因为，首先对于大多数合作社成员来说，这是他们第一次可以直接和建筑产生联系。当他们不得不定义自己的空间时，所有的自由和解放都开始土崩瓦解。这一切对我们理解个性非常关键。在建筑师的要求之下，个人的利益开始出现。当同时许多其他人也想做同样的事情时，人们不得不把自己放在有限空间。如果空间是有限的，行动的自由就至关重要（图4-11）。

图 4-9 瓦格尼斯阿特住宅合作社成员参与住宅设计，用鞋盒搭建出可能的住宅形态

图 4-10 合作社成员用木杆联结住宅单元

突然，我们开始陷入冲突。在这种个体的、私人的、社区的临界线中，项目开始逐渐呈现出来。基本上，我们就在这里和他们一起开始工作，在一系列方向更明确、运行规则更精确的工作坊中继续推动项目。工作坊里的这些规则也是我们发展的。

朱天禹：我发现这个建设共同体的办法很聪明。当你们真正开始做实际设计时，先让人们习惯游戏化的过程。毕竟对他们来说，这是第一次一起做事，成员们可以为共同行动做个准备。

霍夫曼：他们大部分人之前没有接触过建筑设计，也没有接触过这种参与式结构。这是一种新的共同开发模式。

图 4-11 合作社成员按照建筑师设定的规则设计住宅立面
注：每个住户不能设计自己住宅的窗户，只能设计邻居的窗户。

## 为新价值放弃自治性

杨舢：这一过程发展得顺利吗？会不会存在一些冲突？是否我们可以说建筑师承担着仲裁者或

法官的角色，可以评判哪些事务或哪些部分重要，哪些不那么重要？

霍夫曼：好吧，嗯……是的，这里是有问题。丢掉了自治性后，总会缺少一些权威性。这是个问题。一般而言，因为自治性是在你的方案里，你至少会有些权威。人们到你这里来，说你是个建筑师，因此你知道如何解决这些问题。然后事情的过程通常会达到某种阶段，但那样整件事代价太高。只是总会有一些关键时刻——通常你作为建筑师会被要求给出解答。

但在瓦格尼斯阿特项目中，一些很奇怪的事情发生了。一开始，我们就放弃了自己的自治性。但要没有自治性，什么是你的权威？你是谁？以你过去常有的权威方式来告知他们要干什么，但实际上你没有这些权威。所有这些个体，这些合作社成员，以某种方式和你一起做项目。这样就制造出一种权威的真空。从这个原因上看，任何事情都会变得有点儿随意。

我们不是一开始就能理解这一过程的潜力所在。这种潜力确实是在行动中浮现的，去理解另一种形式，一种新的权威形式通过共同的层面创造出来。我们的角色融化了——突然间，我们成为某种游戏老师（Game-Master）。随着进展越深入，就越深信不疑，这种共同过程会带来一些东西。我们认识到，通过遵循规则和工作坊中迭代过程的再指引，一些有价值的事情会被创造出来。我们不仅想做出一些东西，同时想构建对特定结果的不同价值的理解。一种共同的权威生成出来。那里发生的一些事情有其价值。其结果很少能预料到，任何人都不能提前想到，但它们确实有价值。不仅如此，这个过程持续得越长，其价值越大。合作社成员赋予这一项目更多价值。

有些不一样的事物发生了——尽管有很多冲突，在这种经验中他们一起成长，特定的精神出现了，把他们吸收进来——我们已经把共同体带到一起。

## 建筑师的引导

朱天禹：尤利乌斯介绍过，您设置的一个规则是，每个人都可以做设计但恰恰不能设计他自己的公寓。我觉得这是个很睿智的做法，因为您在这一过程中把他们从自己关心的事物中转移出来，创造了一个超越他们自身的共同价值。最后，通过自愿牺牲自己的利益，他们达成共同目标。我觉得这确实是个成功的社会过程。

克拉夫科：当进入这一参与过程中，对品质我们会有基本概念。比如，对室外空间我们还是有特定的规则——人们如何进入住宅组群中，如何从公共空间去往那里，直到最后进到他们自己的公寓（图4-12）。有关这些空间的理念是由我们来设定的，整个设计过程中，它们会被传递出来，它们有时很丰富。以这种方式，我们不仅在调节过程，同时自始至终还在引导他们最后到达所要求的特定品质。我们不是想要的一种外形或物件，而是追求一种"软"的品质。整个过程中，所有人意识到，我们头脑中出现的问题，不仅仅是当时所讨论的问题，比如说怎么开窗，同时还包括如何把所有事物塑造在一起、如何把它们组织在一起这方面的问题。恰恰是这个层面很清楚地说明了这一点，即为什么在整个过程，我们还是建筑师，我们是那些把所有事情组织在一起的那些人。

图4-12　站在天桥上向南眺望，近景为西侧内院

## 强认同与排斥

　　杨舢：在这个过程中，认同的生产非常成功。但另一方面，这种强认同是不是阻碍了合作社与周边邻里的交流，阻止这一邻里最后融入城市肌理中？作为陌生人，当我走进这个社区时，我会有很强烈的感觉：噢，这不是我的社区。

图 4-13 东南主入口，底层为集会空间

图 4-14 住宅单元的内厅

霍夫曼：是的，这确实是（笑）。某种程度上这是真的，但又不真实。说它真实是因为您能感觉到这种认同。但这个结构自身很开放。天桥把五个单独的建筑联结起来。人们可以进到社区空间的中部。这里虽没有可见的界限，但仍有边界，某种程度上可以被人感觉到。首先人们能自由地进入这些空间。但是进入里面后，会有感觉，知道这里是私人场所——你处在一个不是你自己的社区空间里。人们可以感觉到有人住在这里，这种感觉像老朋友，让空间安全。晚上，可以漫步而感觉安全，但不会闲逛或放自己的音乐。人们会尊重这里的隐私性，某种程度上这里是没有大门的私密空间。但另一方面，建筑里面还有很多空间，比如咖啡店，还有一个可以容纳200人的表演空间。瓦格尼斯同时和其他两个合作社共同发展一个交通系统（小汽车体系）。我们能够在很多层面发展出良好的公私关系（图4-13、图4-14）。

当人们在里面漫步，感觉到很强的共同体，这更是财富而非劣势。人们可以感觉到这里的人在场，即便他们物理上并不存在。这甚至让访客感到有点儿熟悉、可触摸、被感动。

## 混合使用

杨舢：我同意，如果有个公共空间对所有人开放，那么没有人会久留。如果有什么东西可能让人觉安全，那就是家的感觉。我有个新的问题，在瓦格尼斯网站上，我看到他们提出这样的口号——"居住并工作"。这个社区还提供了一些工作机会，是这样的吗？

霍夫曼：在某种程度上，是的，但这不关键。在这个项目中，他们确实有少量工作岗位。首层有一个很大的共享办公室。这些办公室为兼职工作的人或那些有孩子的人准备。这些人可以在这些社区工作空间中工作。这里还有一些理疗诊所，还有些人在咖啡厅里工作。整个区域在底层提供了混合使用的机会，所以这里总是有些工作机会。这些首层空间的 50% 不会用于住宅功能。这种情况反映了施瓦宾这个历史街区的状况。这些首层单元提供了一些机会，而这些机会创造了些选择。有些人可以在家中工作，有些外面的人来社区工作，比如理疗。这当然是一个很不错的想法，把居住和生活混合起来，因为这会缩短工作路径和旅程，缓和汽车使用的问题。当然步行或骑单车上班更方便，不用担心交通干道是否准时。

## 瓦格尼斯的共同生活想象

杨舢：如我们所知，合作社的理念和实践在德国非常流行。联合国教科文组织 2015 年授予其非物质文化遗产。在慕尼黑和德国，合作社不止瓦格尼斯这一个。和其他合作社相比，瓦格尼斯是否在项目启动前就有特别要求，有他们自己的、特别的共同生活理念？

霍夫曼：我认为很多理念是在这个项目中发展出来的。但这个方案开始设计时，瓦格尼斯合作社已存在一段时间。合作社成员对于新理念极为开放。但其实可以说，他们想与众不同，关键是和别的任何人都有所区别，不只是一种营销噱头，而是因为他们觉得德国住宅领域已经出现很多问题。这些平常和简单的信息反而为可能性打开了巨大的空间。这就是为什么，你们在这个项目中看到很多在其他当代住宅设计中没有发生的东西。所以我们能探讨不同的共同居住模式，比如"集群住宅"（cluster）——7 个或者 8 个人共用一个巨大的 100 多平方米的公寓。这个理念并非全新的，首先可以在汉堡的斯泰斯胡珀（Steilshoop）[16]，之后是苏黎世的洪兹克埃瑞（Hunziger-Areal）[17] 看到它的现代模型。基于这些方案，我们重拾这一概念。但更重要的是，瓦格尼斯给了我们建造它们的余地。引入不同寻常的东西要冒点儿风险，因为这是未知的，你不确定它会不会成功（图 4-15、图 4-16）。

杨舢：是的，因为你不知道会发生什么。

霍夫曼：这可能会完全失败！推广这些集群公寓时，的确遇到了一些困难。许多人声称对这些集群公寓感兴趣，但是等到他们要做决定时候，会对和其他人分享公寓有顾虑——如果你很累，或形容不佳，当你走进住宅时每个人都可以看到。但现在所有集群住宅都填满了，最后运转得极其成功，但刚开始确实有点儿困难。

杨舢：所以您恰好碰到了一些思维开放的业主。你们很幸运。

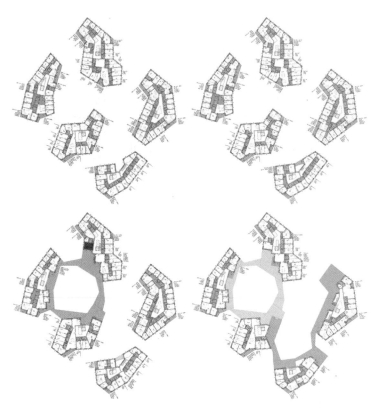

图 4-15 瓦格尼斯阿特住宅区 2 至 5 层平面图（从左上开始，顺时针方向）

图 4-16 瓦格尼斯阿特住宅区首层平面

霍夫曼：是的，我们很幸运，有思维非常开放的业主。当然，这是事实，需要有人有这样的开放性，必须的！

杨舢：你们的事务所有没有参与早期土地招标过程？

霍夫曼：对于瓦格尼斯阿特项目，我们开始得很早，确实支持过他们的土地投标。当土地招标开始时，瓦格尼斯已经在这个进程中，而我们在住宅方面的经验确实会带来帮助。

克拉夫科：他们和艺术家成立一个团队。原有用地上有一些艺术家，他们有自己的聚集场所和工作室。这就是为什么这一项目会被称为瓦格尼斯阿特（wagnisART），因为他们和这些艺术家一起去参与这块土地的招投标。

## 社会多样性

杨舢：这后来成功了吗？那些艺术家后来回来了，并住在瓦格尼斯阿特？

霍夫曼：老实说，我觉得这不太成功。现在只有少数原来在那里的艺术家仍住在这个社区。那里有个艺术家容身处（artist refugee），一些很小的个体空间环绕大的共同空间。毕竟这是慕尼黑的新造建筑。在慕尼黑，经过所有努力后，住宅还是不会便宜到必然能满足艺术家的需求，他们往往希望有更大的空间，但花费更少。确实会有些支持存在，比如说"交叉资助"（cross-financing），但这仍是一个新建筑，必须负担一定经费。

克拉夫科：工作室空间太昂贵。

霍夫曼：我们能为一些艺术家建造一些共享工作室，但这毕竟只占很少一部分份额。

杨舢：是否合作社为申请的艺术家降低房租？

霍夫曼：这是好问题，但是我不知道。这一问题最好询问瓦格尼斯合作社。他们的资金方案相当复杂。一共有三种收入类型的人住在里面：第一类是自由资金者，第二类属于慕尼黑市资助体系的，这种模式名为"慕尼黑—合作社"模式，第三类是EOF（收入定向资助），城市支持的和收入相关的资助[18]。

朱天禹：这是他们如何保证项目中社会多样性的方式。

霍夫曼：对的。所有这些群体在项目中占比一样。

杨舢：这种尝试可以很好地保证社会多样性？

霍夫曼：是的，资金资助依据三种不同收入类型 [19]。所有这些群体平等地混合在一起。他们在这些建筑物各处混合。这里没有收入带来的区隔，比如钱多的人住在顶上，或住好一点儿的空间。所有的事情都是完全混合的。当然，如果你和很多未来邻居参与设计，那么在一起做事情的时候你就和他们联结在一起。过了段时间后，他们收入如何，就完全无关紧要了。将一个人和别人分开的想法通常都源于偏见。

## 弹性和可适性

杨舢：一开始你们在鼓励参与上做了很不错的工作。但我想问，在这个项目中，是否会为未来预留了一些弹性和可能性？生活会变化，有些人会迁出，还有人会迁入。就像你们所说，艺术家的容身所并不很成功。是否这里为未来生活留有可能？

霍夫曼：这是好问题。这一建筑特点之一当然是启动之初的大动作。在其中，建造它的大量能量被自由释放出来。这个项目具体显现出瓦格尼斯的组织方式。他们每个月都持续碰面。在这个项目中，有些管理是活化的。当然，变化的可能性会变得越来越少，因为住户生活在其中，很少有人想事情变来变去的。但是，参与这个项目的可能性仍然很多。这些可能存在于共同使用和建筑物维护上。有些空间尚未最后定义，比如共同空间或人们相遇的角落空间，它们可随使用发生转变。也许 2 到 3 年后，或是 10 后，这些空间将会有另一种用处。这些可改变的空间中还有很多弹性，然而公寓自身改变的可能性很小。我们将看到有多少住户 10 年或 15 年时间里被黏合在一起。这个项目的成功之处在所有的公寓——整个项目——是由共同体来拥有的。这里没有个人所有权，所以没有人可以声称他有特定的权利，因为这会限制他人的权利。

## 集体所有权和归属感

他们共同拥有建筑物，这里没有个人的所有权。这不像我们中间三个或四个一起来建房子，每个人投入 250000 欧元，然后每个人明确地拥有建筑的四分之一，比如一套公寓。这里（瓦格尼斯阿特）没有人独立拥有自己的公寓，但所有人共同拥有所有事物。你不得不接受共同体很重要的事实，因为其他人也拥有你公寓的一部分。共同体中同样也有一些利益，我认为这是它未来可以运转的基础。

杨舢：如果没有个人所有权而只是集体所有权，当有人迁出时，是不是会把他的份额传递给下一个？

霍夫曼：是的。如果有人迁出，稍晚合作社会收回他的份额。然后共同体会找到一个新人。现在的情形是，慕尼黑的房地产市场已经过热。找到一个新人并不难。这是合作社的组织方式。

杨舢：我们知道瓦格尼斯在招募新成员时会遵守依据收入和社会地位制定的特定标准。是否这些集体所有制规则会固化合作社的社会结构？我的意思是说，是否成员关系转变也不会改变合作社社会结构，或合作社社会结构会保持固化，它不会变化，即便成员也发生变化了？

霍夫曼：是的，您是对的。社会结构——不同收入的人混合——多多少少总是一致的，因为邻里中有部分租金总依赖于特别的租金。他们不能改变这一点。如果某个依靠社会资助的人迁出，那么他必须找到一个有相同资金支持方式的租户，否则社区会逐渐产生区隔。它总是要多多少少保持一致。有那么一点儿弹性，但结构总是相似的。

## 共同生活与建筑实践

杨舢：我们有个自己感兴趣的问题。共同生活不是个新概念。在历史中，这类意识形态总会以不同形式出现，不同实践重复发生。是的，这种共同居理想和相应建筑实现已经促了建筑革命，比如苏联的纳康芬（Narkomfin），或勒·柯布西耶的马赛公寓，这也是共同居住的实现方式。同样在城市规划领域，有花园城市运动，早期的合作社居住实验。您认为您有推动建筑实践前进的机会吗？

霍夫曼：这听上去不错！我们总是希望，能做点重要的事情，不仅是对我们直接影响到的人很重要，同时也是对讨论事情的方式上。是的，我们现在确实处于建筑实践的临界点，我们需要适应环境，而其他许多专业已经开始这样适应了。控制性的理念非常不合时宜。如果你观察卡车的设计使用的是计算机程序设计的方式，你会看到一种完全不同的设计模式。

无论何时你启动一个项目，总存在一个原初的目标——一个纲领。在瓦格尼斯阿特，我们也有一个纲领，为大约 140 个伙伴建造住宅的纲领。但是它如何被看待、它的功能、它的运转方式，这些事务开始定义新的目标。建筑设计领域不像其他产业，我们不会过度进入预制结构领域。我们建造似乎为几百年而准备，但现在的生产过程在转变，这必然会改变设计的过程，所以现在正处在一个有趣的节点。我们能够对设计住宅和未来城市的方式产生影响。这一点很重要，不仅仅是对建筑师，同时对所有人。引用慕尼黑工大教授迪特里希·芬克（Dietrich Fink）的话来说，"城市是人类最大的文化发明"。某种意义上，发生在瓦格尼斯阿特设计中的恰恰是我们认识到的，即放弃自治性，并不意味着失去了权威性。权威性在改变——这是我们一直在努力揭示的。而这是我们此时拥有的最大变革机会。所以希望我们仍然有机会能在这一过程中工作，可以驱动建筑向未来前进。

朱天禹：我读过你们网站上的文章。对于每个项目，你们事务所并无固定设计方法。你们总是让设计自己演化。但是瓦格尼斯已经赢得很多关注，特别是赢得大奖之后。对于其他瓦格尼斯项目或其他合作社项目，它会不会在未来成为一种范式？在这个过程中，瓦格尼斯阿特的模式不知不觉就赢得了某种权威。

霍夫曼：这点很难回答。为什么我们喜欢这个项目，其中一个理由是我们实际上无法预测结果（图 4-17）。

当然我们事务所能处理更多设计过程标准化的项目。在瓦格尼斯中，我们试图分析结果，比如空间关系、混合质量、非直角建筑的品质。这肯定会在其他项目中产生一些表面的影响，比如设计模式，如果你想这样认为的话。但是，复制这个过程或进一步发展它的项目会更有趣——我们正在研究它们。

图 4-17 楼梯厅

### Haltung Zeigen（姿态展示）

对于我们而言，瓦格尼斯阿特打开了很多可能性。比如说，我们现在正对慕尼黑的一个市场做研究，也许尤利乌斯已经告诉你们。维克图阿利恩市场（Viktualienmarkt）是慕尼黑最受游客欢迎的地方之一，然而它已经完全过时了，基本上是小商贩和他的家庭出售些简单的物品，需要重新来过。自从去年（2016 年）以来，我们一直在研究框架和理念，即如何使它焕然一新，不是去拆毁它，而是让其从已有基础上生长出来。我们和这些零售业主一起工作。这是个完全不一样的项目，但其工作方法根基于瓦格尼斯阿特。我们不是展开一个新的设计，而是重启原来的过程。

两周前，我在比伯艾克应用技术大学（Hoch-schule Biberach University of Applied Sciences）办过

一次讲座。这个系列讲座的题目是"Haltung Zeigen"(展示姿态)。"Haltung"一方面可以被翻译成"姿态"，但是第二层意思是要站直了，也就是说，我知道在做什么。讲座中的第一张幻灯片是两个合气道拳师。合气道是一种日本武术，很多年前我曾练习过，直到膝盖受损。我很喜欢合气道，因为其中你可以利用和你对练之人的气。没有公开的打斗，你只需控制一些动作。只有当对方动起来，你才能控制机会，而你的反应是使用朝你而来之人的气并反转它。这是个很有意思的运动，让你理解并学会如何利用向你而来的气。当气向你而来时，你得更有创造性。我认为这是我们的建筑应该发展下去的方式。也许瓦格尼斯只是个例子。当气过来时候，你不知道它从哪里来，但是你对之做出反应，在这个气中，你创造着，你从中获得了更美好更强大的东西。在反应和反转之中，你制造了影响。

朱天禹：我觉得，事务所、瓦格尼斯、慕尼黑市场，我们都是动因。我们都在细微的运动中不知不觉相互影响着，就像蝴蝶效应，或是行动者网络（actor network）。

霍夫曼：对的，是这样的。

杨舢：非常感谢你们能接受访谈。

霍夫曼：非常欢迎。感谢你们的关注。

**瓦格尼斯阿特项目的基本信息：**

功　　能：居住建筑
项目名称：瓦格尼斯阿特合作社住宅
建　筑　师：阿格·伯格维施建筑师与城市规划师事务所（arge bogevischs buero）/沙格·辛德勒·哈
　　　　　　普勒建筑师事务所（SHAG Schindler Hable Architekten GbR）
区　　位：多马克帕克（Domagkpark），慕尼黑
时　　间：2012—2015 年
业　　主：瓦格尼斯住宅合作社 （Wohnbaugenossenschaft wagnis eG）
场地面积：9565m²
建筑面积：20275m²
容　积　率：1.58
覆　盖　率：80%
住宅单元：138 套
居　　民：200 人
停　车　位：87

## 注 释：

[1] Referat für Arbeit und Wirtschaft, München. Munich annual economic report [R]. 2017: 7. http://www.wirtschaft-muenchen.de/publikationen/pdfs/aer17_summary.pdf.

[2] Referat für Stadtplanung und Bauordnung, München. "Wohnungspolitisches handlungsprogramm - ,wohnen in münchen VI 2017-2021"[R]. 2017: 12.

[3] 同上注。

[4] 参见论文《慕尼黑住宅政策体系简介》。

[5] 同上注。

[6] http://www.wagnis.org/wagnis/ueber-wagnis/genossenschaft.html.

[7] 关于这三种资助模式，参见论文《慕尼黑住宅政策体系简介》。

[8] 目前，瓦格尼斯 1—4（wagnis 1-4）和瓦格尼斯阿特（wagnisART）已经完成。瓦格尼斯帕克（wagnisPARK）和瓦格尼斯里奥（wagnisRIO）将于 2019 年和 2020 年完成。

[9] 在冷战结束后，德国周边紧张的政治形势逐渐缓解，这一背景下，德国政府大量裁减军队。这种政策调整随即导致许多城市原有军事用地空余，城市用地结构需要重新调整。

[10] 斯图加特布洛沃伯根服务中心（Dienstleistungsszentrum Bülowbogen），斯图加特，建于 2000—2005 年，15000 平方米。

[11] 菲尔斯塞内肯盎格学生宿舍（Student Housing Felsennelkenanger），慕尼黑，建于 2002—2005 年，19000 平方米，545 个住宅单元。

[12] 施瓦宾的帕克施塔特（Parkstadt Schwabing）位于慕尼黑北部，面积 45.5 公顷，处于内城边缘。

[13] 瓦格尼斯 1，建于 2004—2005 年，有四栋建筑，92 个单元，建筑面积 7391 平方米。位于慕尼黑内城奥林匹亚公园南部的新建住区阿克曼伯根（Ackermannbogen）中心。

[14] 瓦格尼斯 3，落成于 2009 年，有 5 栋建筑，97 个单元，建筑内安排了 3 个花园，建筑面积 7577 平方米，位于慕尼黑东南的博览城利姆（Messerstadt Riem）。

[15] 利姆，也被称作博览城利姆，面积 560 公顷，是慕尼黑东南边缘的新区，原为 1992 年被废弃的慕尼黑利姆机场。整个区域由南部的住宅区和北部的慕尼黑博览中心组成，约 18000 个居民，12200 名工作人员在此生活和工作。

[16] 斯泰斯胡珀（Steilshoop）位于汉堡，建于 1969—1975 年，总建筑面积 25000 平方米，居住单元 6800 套。

[17] 洪兹克埃瑞（Hunziger-Areal）位于苏黎世，建于 2009—2012 年，居住单元 370 套。

[18] 参见论文《慕尼黑住宅政策体系简介》。

[19] 参考前文背景介绍和论文《慕尼黑住宅政策体系简介》。

**图片来源：**

图 1：阿格·伯格维施建筑师与城市规划师事务所（arge bogevischs buero）。

图 2：Referat für Stadtplanung und Bauordnung, München.Bericht zur Wohnungssituation in München 2014– 2015[R]. 2016: 91. 作者翻译整理。

图 3：Referat für Stadtplanung und Bauordnung, München. Wohnungspolitisches handlungsprogramm- ,wohnen in München VI 2017-2021[R]. 2017: 44. 作者翻译整理。

图 4：同上，91 页，作者翻译整理。

图 5：阿格·伯格维施建筑师与城市规划师事务所（arge bogevischs buero）。摄影师 Julia Knop。

图 6：阿格·伯格维施建筑师与城市规划师事务所（arge bogevischs buero）。

图 7：同图 6。

图 8：同图 6。

图 9：同图 6。

图 10：同图 6。

图 11：同图 6。

图 12：同图 6。

图 13：同图 6。

图 14：同图 6。

图 15：图片来源：www.wagnis.org

图 16：图片来源：www.wagnis.org

图 17：同图 6。

# 第五章 场景城市

## 显现和舞台

我们无法回避公共空间和戏剧表演的密切联系。戏剧一直是解释社会生活的有效工具——"西方关于人类社会的最古老观念之一就是将社会本身当作戏剧，人间戏剧（Theatrum Mundi）这样的观念由来已久。"（图 5-1）[1]41

公共空间和戏剧本质上都是显现空间。阿伦特认为，"公共"首先意味着"任何在公共场合出现的东西能被所有人看到和听到，有最大限度的公开性"，"对我们来说，显现——不仅被他人而且

图 5-1 卡耶博特（Gustave Caillebotte）《下雨的巴黎街道》，1877 年。

被我们自己看到和听到——构成了实在（reality）。"[2]32 同样，戏剧表演是舞台上的显现，登上舞台可以被观众看到和听到，舞台上发生的一切构成了现象的真实。在《公共人的衰落》一书中，桑内特将显现的问题表述为观众的问题——都市人和演员都要面对如何在陌生人环境中显现的问题[1]46。

戏剧通过分离现象真实和生活现实来显现。那些在演出中发生的事情并不涉及我们生活的利益，但它确实是可被我们感知的真实现象。在剧场中，演员传递着现象的真实，而观众关系着生活的现实。生活现实和现象真实分别通过观众和演员影响着戏剧的显现。因此，观演关系成为戏剧的本质关系，它是近两百年来戏剧形制演化的核心线索。

有观演关系存在，就有中介因素存在。大多数时候，舞台上或舞台与观众席间的空间划分担负起中介的任务。现象的真实在舞台上显现时，生活的现实被舞台隔离在一定距离之外。然而，物质的舞台并不是区分观众和演员的必要条件。英国戏剧家布鲁克"空的空间"理论就指向了非物质中介下观演关系存在的可能："我可以选取任何一个空间，称它为空荡的舞台。一个人在别人的注视之下走过这个空间，这就足以构成一幕戏剧了。"[3]3

公共空间的显现则是通过区分公共和私密两个世界来实现的。阿伦特认为，"私人领域和公共领域之间的区别等于应该隐蔽的东西和应该显示的东西之间的区别。"[2]47 "只有那些被认为与公共领域相关的，值得看和值得听的东西，才是公共领域能够容忍的东西，而与之无关的东西就自动变成一个私人的事情。"[2]33 如果私人领域、家庭领域是被遮蔽的黑暗，那么公共领域、城邦生活则是可显现的光明。

同样，只要有公共和私密的划分，就会有中介因素存在。这一中介就是我们生活的城市空间。"城市是个舞台"这一通俗的比喻已经说明了这一点。这一俗语的本意是指城市是公开显现的物质环境和背景，但其内涵并不局限于此，就像空间的内涵并不局限于物质的建成环境。"城市是个舞台"的另一层意义在于，它为共同世界培育出一种"样式化的行为模式"（stilisierte Verhaltensweisen）[4]87-92，使陌生人相遇时可以很快形成一个有教养、文明、礼貌的交往环境。巴德（Hans Paul Bahrdt）认为，在公共交往中，行为的样式化既设置了自我保护的距离，隐藏了隐私，又可以让人们展示自我，以期在短暂的接触中更快地被看到、听到、理解[4]89。这套既隐蔽（隐私）又展示（个性）的行为模式是一套分割公共领域和私人领域的中介，它也确立了观众和演员的状态。只不过，它将对两个领域的要求同时施加于一个人身上——在公共空间中，我们既是演员又是观众。这一点正是公共空间和建筑艺术有别于戏剧的地方，这将在后文继续讨论。现在，我们需要回到"城市是个舞台"的本义，从物质空间作为公开显现的背景开始。

## 布景城市

尽管共同的行为方式可以实现区分观和演、私和公的中介功能，但这并不是说物质空间完全和显现无关。如果人类活动的最高形式是从戏剧活动中产生的对话，那么"城市是一个专门用来进行有意义活动的最广泛场所"[5]123。

然而，城市慢慢从显现的舞台转变成显现的内容，舞台挤占对话成为显现的主角。在19世纪，戏剧审美中流行着逼真、图像幻觉般的布景模式。这种舞台布景和表演竞争着观众的注意力，视觉的愉悦引诱着观众，稀释着表演的价值，同时阻碍着观众想象力的发挥。同一时期，同样的审美趣味也发生在城市建设中。图像化景观、纪念式的公共建筑、宏伟壮观的视觉效果成为城市景观的主要特点。城市自身与其代表的国家权力成为显现的主角。我们可称之为"布景城市"。

布景城市由来已久。广义地说，以强化视觉秩序营造出画面式观感的城市空间都可以称之为"布景城市"，大部分文艺复兴、巴洛克、古典主义的城市空间都算是布景空间。运用舞台布景的手法来组织城市公共空间，在申克尔那里达到了最高的成就。

1818年申克尔设计了柏林的皇家剧院（Schauspielhuas）（图5-2）。这个后落成的剧院小心翼翼地在尺度、比例、体量上呼应着其两翼已建成的两座几乎一模一样的教堂。申克尔有意识地利用三座建筑的围合组织出一个城市广场——一个露天的公共舞台（图5-3）。舞台背景是剧院正立面，两厢是教堂正立面（图5-4）。1821年他为新剧院的开幕式设计的舞台背景或许已经阐明了他的设计意图——一个描绘了新广场建筑环境的全景式背景（图5-5）。室外空间和室内布景是可以相互调换的图像模板。舞台背景和城市空间遵循着同样视觉控制原则。

1822年，申克尔在施普雷岛上设计的新博物馆（现名旧博物馆）延续了这一布景手法（图5-6）。在这片区域成为柏林的文化核心之前，它不过是一个缺乏生气而丑陋的阅兵场。它的南面和东面分别是普鲁士的王宫和巴洛克式的教堂[6]，北面和西面则是杂乱无章的建筑单体、小工厂、仓库、商贩和运河。申克尔的任务是协调新建筑和现有建筑间的功能和美学关系，重新规划运河、街道、公共空间。申克尔将新博物馆的立面设计成两层柱廊，让它成为一个整体界面衬托着对面的王宫，它们分别从北面和南面界定新广场（图5-7）。东面则是树阵组成的屏风，它们填充了巴洛克教堂留下的空隙，让东面的界面更完整。广场西界面保持开敞，运河是它的边界，柏林的主干道——菩提树下大街——跨过运河将城市和广场连接起来（图5-8）。观众自西面进入舞台，一幕幕城市戏剧在此发生（图5-9）。申克尔的设计意图仍可以从他为新博物馆门厅所作的内景透视图看出来。在半开敞的门廊中，观众可以透过柱廊看到前面广场不断发生的演出（图 5-10）。博物馆的门厅犹如剧院侧面的包厢。

图 5-2 柏林皇家剧院正立面透视图

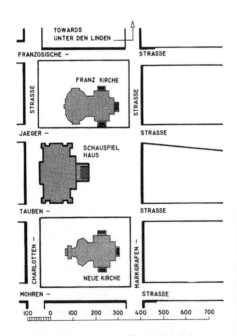

图 5-3 Gendarmenmarkt 平面，1870 年左右

图 5-4 Gendarmenmarkt 北望，左为皇家剧院，正前方为法国人教堂（Französischer Dom），Eschen-Bavaria 摄影

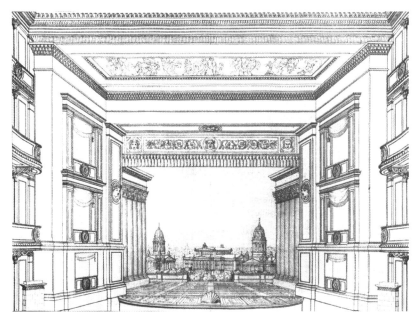

图 5-5 申克尔为皇家剧院 1821 年 5 月 26 日开幕式设计的舞台布景

图 5-6 柏林市中心 1920 年航拍．可以看到当时仍存在的新博物馆对面的王宫

图 5-7 新博物馆 1823 年的设计稿，其右是树阵和教堂

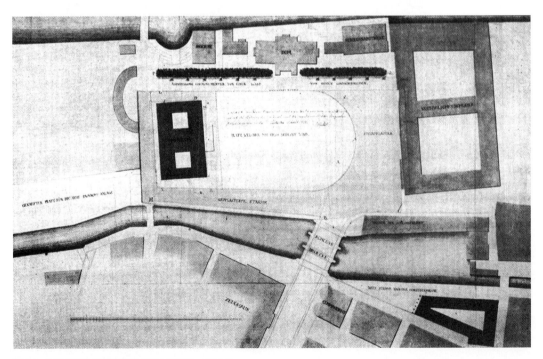

图 5-8 卢斯特花园（新博物馆前广场）总平面，1824 年

图 5-9　自菩提树下大街望卢斯特花园

图 5-10　新博物馆门厅内景透视

图 5-11 巴黎歌剧院正立面，H. G. Evers. Monika Steinhauser 摄影

图 5-12 歌剧院总平面

图 5-13 1852 年法兰西第二帝国成立前的阅兵式

申克尔良好的艺术修养和空间控制力让他的作品有一种节制和稳重。并非所有的布景设计都有这样的谦逊姿态。大多数公共建筑和城市空间竞相以夸张的手段吸引人们的注意力。例如，1875 年启用，由建筑师加尼叶设计的巴黎歌剧院浮华、烦琐、笨重，占据在奥斯曼开出的一条轴线大道的顶端，它成为川流不息城市交通环绕下的纪念性孤岛（图 5-11、图 5-12）。

布景城市有明确的政治定位，它是国家权力的展示。与布景城市同时发挥作用的，往往还有重大的仪式和庆典，它们和布景城市一起构成了政治景观（图 5-13）。某种程度上，布景城市更像是哈贝马斯定义的"代表型公共领域"的残余。

## 景观城市

从 19 世纪开始，商业和资本逐渐主导了显现和展示。不同于一般的基本需求，对显现、名声、权力的欲望不仅不会因为其满足而消止，反而会激发出更多的需求。这不仅让资本主义有新的增长可能，同时也使得审美——以舞台化制造显现的方式——进入经济循环中。[7]21-22 布景城市由此进化到它的新版本——景观城市 [8]。

本雅明的《拱廊计划》记录了 19 世纪的商品景观是如何通过拱廊和百货商场这样的舞台成为显现的主角（图 5-14、图 5-15）。它的影响与日俱增，甚至就连大道（boulevard）这样的政治景观空间也"成了商品拜物教统治的公共空间"（图 5-16）[9]227。

图 5-14　拱廊 Véro-Dodat 里的商店

图 5-15　百货商店 La Belle Jardinière 在马赛的分店

图 5-16　大道生活

　　早期商品景观中展示的只是商品的使用价值，但当舞台化价值作为一种特殊的价值进入资本主义循环体系时，商品构造景观的能力被重视。例如，在汽车广告中，汽车往往是某种生活场景的构成要素，暗示着身份、品位、形象。同样，当今激烈城市竞争引发的对城市特性（identity）的高需求也促使建筑和城市空间的舞台化能力被重视，建筑和城市设计由此滑向日常生活的景观化。

这种景观化主要在三个层面实现：第一个层面是早期布景城市的延续。纪念性的单体建筑和建筑群象征着国家、民族的宏大意象，占据着城市主要位置，这样的景观塑造着北京、上海、迪拜今天的形象。第二个层面是面向旅游和文化产业的历史街区复兴和旧建筑改造与再利用。在全球化背景下，城市只有强化自己的特性和差异才能赢得游客和文化、商业精英人士的青睐。历史文化资源和它们的城市环境成为竞争的重要筹码（图 5-17）。其结果是，"当购物中心呈现出一种伪城市的状态时，城市中心倒越来越像一个露天的购物中心"[10]97。第三个层面是日常生活的主题化，在中国则主要是居住空间的主题化。地产市场竞争和新兴城市阶层的身份表达导致了这种夸张的日常生活的景观化。从 20 世纪 90 年代的"欧陆风"开始，中国的房地产开发就不乏各种主题宣传、夸张的广告文案、标新立异的建筑形式和与之契合的环境设计。辅之以封闭的管理措施，每个住宅区都试图描绘一种独特的生活方式（图 5-18）。

不同于布景城市的中心性，景观城市以弥散的方式渗透到我们的生活中，"在现代生产条件盛行的社会，生活呈现为景观的庞大堆聚"[11]20。在我们生活的时代，建筑和城市空间构造景观的能力面临广告和媒体的挑战。广告牌、招贴、橱窗这些元素在生活中随处可见。不仅如此，这些元素正侵蚀着建筑自身的表达——当建筑全身布满了广告时，它就和一个巨大广告柱相差无几了（图 5-19）。

图 5-17 上海红坊文化产业区

图 5-18 上海松江泰晤士小镇

图 5-19 纽约时报广场

布景城市和景观城市把空间图像化，视觉被提升为唯一的感知方式，人们则被固定在观众的位置。这个位置一般被看作远离生活的积极参与和创造，它的盛行造成了公共性的缺失。

## 情境主义的反抗

在《景观社会》之前，居伊·德波就和他的同道开始了批判景观城市的"情境主义国际"实践。既然"分离是景观的全部"[11]20——工人和产品分离、观看和行动分离、艺术和生活分离，那么需要做的就是克服这种分离，"构建情境"。作为情境主义的中心目标，"构建情境"是指"构建一个短暂的生活环境，并将之转变成高层次的激情"[12]44。达成这一目标需要干预两个不断相互影响的因素：生活的物质环境和行为方式——后者由前者所产生但反过来又影响着前者[12]44。

情境主义将长期分离的物质环境和行为方式统一在"情境"概念中。不过在实际操作中，情境主义并不热衷构建具体的、有持存性的物质环境。他们只是将现代主义的都市当成巨大的"现成品"和游戏场，以戏谑的方式去更改它们的空间属性，去构建一个短暂的"生活环境"。他们显然更看重由"情境"向"激情"转变的可能。只有借助这种转变，他们才可以将都市人从驯服的消费者和被动的观众的身份中解放出来，让他们变得更主动。而纯粹的建成环境是无法实现这一目标的。

在其解体近20年后，金融危机的爆发让情境主义重回人们的视野。它为建筑师指出了一个方向，让他们能够从形式语言中摆脱出来，去直面社会问题。一系列五花八门空间实践形式涌现出来，不断挑战和冲击着传统建筑的边界。新实践的重心从以往客体的、美学的、持存的物质环境营建转向了主体的、政治的、短暂的社会关系的构建。即便有建造发生，也是以服务后者为目的。极端情况下，部分建筑师甚至成为专门的社会活动家（图 5-20）。

然而，这些不是没有问题。情境主义反对景观社会的支配性，反对功能主义的因果关系和目的论，但他们的解决之道却如出一辙：他们只是用新的因果关系和目的论来取代旧的。情境主义者期盼一种新的、可锻造的主体性出现，却恰恰破坏了人的主体性。对公共空间而言，他们在推动人们行动时却忘记了人亦有不行动的权利和选择的自由。同样的事情也发生在戏剧领域——当阿尔托（Antonin Artaud）的"残酷戏剧"拆除舞台，敦促人们从观众席离开，参加表演时，观众们的自由选择权利也一同被拆除。

在朗西埃（Jacques Rancière）看来，解放观众的实质不在于将再现转变成在场，或推动被动成为主动，而是回到原点，去质疑观众身份的规定和附加在上的价值判断。观众的解放始于挑战观看与表演、观众与演员的对立以及观看与被动、行动与主动的对等，始于将观看等同于表演（行动）之时 [13]13。由此，观众可以按照自己的意愿去选择行动方式，他可以选择行动，而不必被 19 世纪的静默规则禁锢在观众席上；他也可以选择观看，而不必被先锋戏剧强行推动到舞台上，成为演出的一分子。同样，在公共空间中，人们可以不服从自我规训的空间共识，自由而不妨碍他人表达自我；但面对排山倒海的群众运动时，人们仍保留着无所事事、什么都不做的自由。观众的解放是选择参与和退出的权利，在这种情况下，无论是戏剧表演还是公共空间，它们的结局和状态是不确定、不可预测的——这实际上是美学体制和公共空间的常态。

于是，观众与演员、公共与私密间的中介又恢复其重要性。中介或距离的存在使我们不必受到因果关系的支配，让我们有选择不同行动方式的自由。对公共空间而言，这个中介是阿伦特所说的介于之间（in-between）的东西 [2]34，即我们生活的城市空间。

图 5-20 如何制造领域——澳大利亚建筑师 Rochus Urban Hinkel 和他的学生在柏林罗莎·卢森堡广场地铁站的出口做的空间实验，他让学生们用不同的身体姿势在地铁出口的阶梯限定出随时变化的步行流线。建筑师希望以此测试出"公共空间"相遇时人们的不同反应

## 戏剧与建筑

弗莱（Dagobert Frey）以观察方式（主客体关系）的不同来区分图像艺术（绘画和雕塑）和空间艺术（建筑）：观察图像时，我们将自己和美学对象分离开来，把它们从我们的存在现实中隔离出去，让它们和我们保持一定的距离，我们以此获得它们的美学现实。和图像艺术不同，建筑在时空上和我们同在。因此，在观察建筑时，将建筑作品从我们的存在现实中隔离出去的唯一可能就是我们自身作为观察主体也在美学现实中被隔离，也就是说，我们自身的存在作为美学现实被同时感知。简单地说，我们是建筑的共同表演者（Mitspieler），而在图像艺术中，我们只是观众 [14]97-98。我们用自己所有的感官、用自己身体的运动来体验建筑空间，建筑也只能通过身体的运动才能全部呈递出它的意义。在建筑中，我们既是观众又是演员。

再回到戏剧讨论中。如果戏剧试图让观众成为共同的表演者，那么观众和演员之间的张力就会破裂，现象的真实会溶解在生活的现实中，戏剧也因此失去存在的意义。但另一方面，尽管建筑也可以产生氛围这样的介于主客体之间的空间状态——建筑在人们对它的陶醉（ecstasy）中显现，然而氛围始终不会达到表演中产生的观众和演员同时在场的强度 [15]171, 202-203。当这种在场发生时，观众和演员之间传递着一种能量，它可以将观众卷入表演之中。借助这样的能量，戏剧改革家和情境主义才能改变观众的被动状态。但也正是因为建筑无法产生这样的能量，使用者在迈入公共空间时还拥有选择的自由。因为，对建筑艺术品的接受"很少存在于一种紧张的专注中，而是存在于一种轻松的顺带性观赏中"[16]64, 127。

在戏剧中，我们必须分辨出观众和演员的身份，这是戏剧存在的前提。但在公共空间和建筑中，我们既是观众又是演员。和图像不一样，建筑不需要我们凝神关注；和戏剧不一样，建筑不会让我们陷入身不由己的狂热。建筑的闲散特性维系着公共空间的自由。

## 场景城市

基于建筑审美本质，我们可以提出"场景空间"和"场景城市"的概念。如果我们和建筑一起构成美学现实，是共同的表演者，那么建筑空间既不是单纯的物质环境，也不是纯粹的社会关系，而是两者的综合——场景空间。场景不仅仅是指舞台，还包括舞台上发生的事件。场景空间组成了场景城市。场景城市既是对城市环境严重的图像化和布景化趋势的抵抗，也是对行动主义和情境主义极权色彩的修正，对它们无法产生持续影响的弱点的平衡。或者说，场景城市是改进后的布景城市（回归建筑本质）和情境主义（剔除其强制性和激进性）的综合。

场景首先和事件有关。事件因其偶然性和不可控性被传统的设计原则所排斥。然而，偶然性和不可控性恰恰是现代审美和公共生活的魅力来源，建筑也不例外。对于这一点，鲍德里亚在《真实或激进？建筑的未来》一文中有精彩的论述。

在他看来，建筑不是对社会和城市秩序的转录，而是应"超越自身现实，在它和使用者之间制造出一种二元的（而不仅是互动）的关系，一种矛盾的、误用的、不稳定的关系"[17]175。这种二元（对决）的关系是建筑"激进性"的一种形态。这样的矛盾关系存在时，人们的反应是无法预料的，他们会以自己的方式来接管建筑，给它指派未曾设想的用途。这是不可预测性的"激进性"的另一种形态[17]176。建筑应该能够制造出一种"开放的幻象"，"它动摇人的感知，它创造出精神空间，建立起场景、一个场景式空间。没有这样的场景空间，房屋不过就是构筑物，城市也只是一群房屋的堆积。"[17]174场景空间鼓励人们以自己的方式使用建筑，鼓励事件的发生。通俗地说，场景可以让人想入非非。当事件挑战房屋建立的常规现实时，房屋才真正成为建筑。

某种程度上，"激进性"和情境主义"异轨"和"挪用"的含义很相近。但"挪用"和"异轨"强调人的主体性、主动性和积极性，而"激进性"看重建筑物的开放性和包容性。

蓬皮杜中心就是一个典型的场景空间。无论最初的设计意图如何，人们使用它的方式都超出了设计者的预期。这个建筑以近乎鲁莽的姿态落入巴黎的核心，冲撞着周围的环境。它制造出的虚空、布满孔隙的立面、弹性的室内空间都引诱人们来拜访它、接触它、错用它。每天有无数的事件发生，不断有新场景出现，这里成了巴黎最具吸引力的公共场所（图 5-21、图 5-22）。另一类建筑则是其

图 5-21 蓬皮杜中心与所在街区的鸟瞰图

图 5-22 小广场上的各种表演 / 事件

反面。在鲍德里亚看来，它们没有秘密可言，只是制造可见性的仪器，是一种屏幕建筑。毕尔巴鄂的古根海姆博物馆是这类建筑的典型，它的形式不过是机器运算的产物，一种虚拟的美化了的现实（图 5-23）。

事件在场景空间中不断地发生和消失，不是什么都没有留下，而是以集体记忆的形式在场景空间中积淀。如果事件之于场景空间更多和意义的公开呈现有关，那么集体记忆之于场景城市则关系到共同世界的维系[2]32-39——"每个恰如其分安置在整体中的物体都会提醒我们注意许多人共同拥有的生活方式"[18]128。社会群体和物质环境间相互影响，人们在物质环境中留下自己的烙印，但也会让自己适应身边的环境。包裹一个群体的物质空间同时也是这个群体提取记忆的固定框架。当环境发生变化时，人们会自发地抵抗这种变化，这种阻力有多强大，就说明基于空

图 5-23 毕尔巴鄂古根海姆博物馆

间意象的集体记忆有多牢固。

集体记忆和历史（记忆）的区别对应着场景城市和布景城市的对立。集体记忆是连续的思维流，是活着的时间。它所留存的过去要么本身是活着的，要么就是存活在那些让记忆保持活力的人的意识中。每个群体都有自己的集体记忆[18]68。相反，历史是一系列重要事件的集合，它不是活着的时间，可以划分成许多阶段，不需要保持连续性。它虽然可以在书中读到，在课堂上被传授，按照某些准则被评估，但它与日常生活无关，而且普适的历史只能开始于传统终结、社会记忆枯萎之时[18]66。

很明显，布景城市是历史的空间化，其特点是纪念性。只有死的、成为历史的时间节点才需要纪念。进入布景空间的人并不能参与到历史中，也不能留下点儿什么，使之成为历史的一部分，他们只能以过客的身份经过这些城市环境。相反，场景城市是日常生活的空间，它在情境中展开。它不应被特定目的支配或只有特定的含义。人们参与到场景空间中，人们使用它，改变它，并将之印刻在空间中。

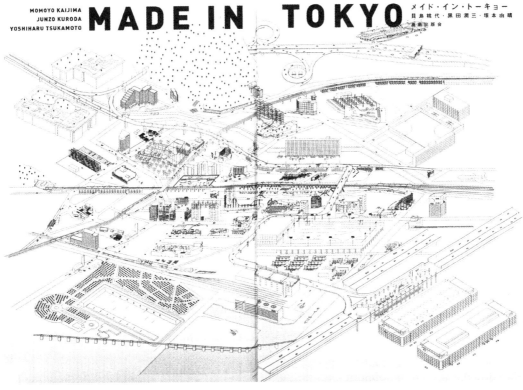

图5-24 东京制造是对东京日常生活建筑所做的观察和记录，尽管没有名气，但这些房屋诚实地回应着所在的环境和人们的需求，没有过分的美学炫耀或者被人们改造，兼容了多样的程序和活动

图 5-25 纽约高线公园．经过 25 年的沉寂，曾经的高架地铁线被改造成一个 2 千米长的线型公园

这样的例子有很多，比如"风土建筑"（vernacular architecture）——它们的规划、设计、建造、使用和拆毁常常反映了社会关系的波折和斗争（图5-24）；又比如"城市虚空"（urban void）—意大利规划师 Bernardo Secchi 将"那些等待从形态上定义的地带"称为"城市虚空"。它主要有两种类型：第一种是类似诸如车站、码头以及工业设施的处于停用状态的废弃基础设施，它们在城市中撕开了巨大的豁口；第二种，是战后分散居住区中的"介于之间"（in-between）的空间。这些空间不属于任何人，也不能作为集会的场所，没有任何明显作用，因而显得很空洞（empty）[19]237。城市虚空是公共空间的巨大的机会，它具备很大的场景再造的潜力。新落成的纽约高线公园就是这种成功再造的范例（图 5-25）。

## 结语

当一个人在另一个人的注视下走过，发生的是一幕演出，但不完全是一幕场景。场景空间始终是人与人、人与物、舞台和演出的有机统一。城市是一幕幕的场景组成。公共空间，只要它不是存在于虚拟的话语世界中，就是一种场景空间。场景空间为我们分析公共空间、城市生活提供了一个支点。

# 注 释：

[1] 理查德·桑内特 . 公共人的衰落 [M]. 李继宏，译 . 上海：上海译文出版社，2008.

[2] 汉娜·阿伦特 . 人的境况 [M]. 王寅丽，译 . 上海：上海人民出版社，2009.

[3] 彼得·布鲁克 . 空的空间 [M]. 邢历等，译 . 北京：中国戏剧出版社，1988.

[4] Hans Paul Bahrdt. Die moderne großstadt: soziologische Überlegungen zum städtebau[M]. Ed. Ulfern Herlyn. Opladen: Lesk+Budrich, 1998.

[5] 刘易斯·芒福德 . 城市发展史：起源、演变和前景 [M]. 宋俊岭，倪文彦，译 . 北京：中国建筑工业出版社，2004.

[6] 这仅是 1822 年左右的状态。南面的普鲁士教堂现已拆除，而东面的巴洛克教堂 1822 年被申克尔改造成古典主义风格，1894 年被拆除，由建筑师 Julius Raschdorff 在原址重新设计成文艺复兴风格，其规模也比旧教堂大很多。

[7] Gernot Böhme. Aisthetik: vorlesungen über Ästhetik als allgemeine wahrnehmungslehre[M]. München: Wilhelm Fink Verlag, 2001.

[8] 景观（spectacle）在英语中既指令人印象深刻的表演和事件，也指令人印象深刻的景色和风景，或非同寻常的情境和景象。因此也有人将之译为“奇观”。

[9] 大卫·哈维 . 巴黎城记：现代性之都的诞生 [M]. 黄煜文，译 . 桂林：广西师范大学出版社，2010.

[10] GUST. Chapter two: community/ section three: recent transformation of urban public space [M]// GUST ed. the urban condition: space, community, and self in the contemporary metropolis[M]. Rotterdam: 010 Publishers, 1999: 57-106. 原文：While the mall, as we saw, assumes the status of an ersatz city, the city center presents itself more and more as a great open-air shopping mall.

[11] Guy Debord. The society of the spectacle [M]. Tran. Donald Nocholson-Smith. New York: Zone Books, 1995. 原文：The whole life of those societies in which modern conditions of production prevail presents itself as an immense accumulation of spectacles.

[12] Guy Debord. Report on the construction of situations and on the terms of organization and action of the international situationist tendency[M] // Tom McDonough Ed. Guy debord and the situationist international: texts and documents[M]. Cambridge, Massachusetts: The MIT Press, 2002. 原文：Our central purpose is the construction of situations, that is, the concrete construction of temporary settings of life and their transformation into a higher, passionate nature. We must develop an intervention directed by the complicated factors of two great components in perpetual interaction: the material setting of life and the behaviors that it incites and that overturn it.

[13] Acques Ranciére. The emancipated spectator[M]. Tran. Gregory Elliott. New York: Verso, 2009.

[14] Dagobert Frey. Kunstwissenschaftliche grundfragen: prolegomena zu einer kunstphilosophie[M]. Darmstadt:Wissenschaftliche Buchgesellschaft, 1972.

[15] Fischer-Lichte 将这种在场（presence）称为“激烈的在场”（das radikale Konzept von Präsenz），并认为由物引发的氛围无法达到这种激烈在场的强度。Erika Fischer-Lichte. Ästhetik des Performativen[M]. Frankfurt am Main:Suhrkamp, 2004.

[16] 瓦尔特·本雅明 . 机械复制时代的艺术品 [M]. 王才勇，译 . 北京：中国城市出版社 . 2001.

[17] Jean Baudrillard. Truth or radicality? The future of architecture[In] Ed. Steve Redhead. The Jean Baudrillard Reader[M]. New York: Columbia University Press, 2008. 175 页原文：The products of such an architecture … are a challenge to the surroundings order and stand in a dual — and potentially "duelling"— relation with the order of reality. It is in this sense that we can speak not of their truth, but of their radicality. If this duel does not take place, if architecture has to be the functional and programmatic transcription of the constraints of the social and urban order, then it no longer exists as architecture. 176 页原文：The masses take

over the architectural object in their own way and if the architect has not already diverted from his programmatic course himself, the users will see to it that the unpredictable final destination of that programme is restored. There is another form of radicality here, though in this case it is an involuntary one. 174 页原文：By the destabilization of perception, it enables a mental space to be created and a scene to be established — a scenic space —without which buildings would merely be constructions and the city itself would merely be an agglomeration of buildings.

[18] Maurice Halbwachs. Das Kollektive Gedächtnis[M]. Stuttgart: ferdinand enke verlag, 1967. 原文：Sondern jeder Gegenstand, auf den wir stoßen, und der Platz, den er innerhalb des Ganzen innehat, erinnern uns an eine vielen Menschen gemeinen Seinsweise.

[19] Kristiaan Borret. The "void" as a productive concept for urban public space [M]// GUST. The urban condition[M]. Rotterdam: 010 Publishers, 1999: 236-251.

# 图片来源：

图 1：La Réunion des musé's nationaux, ed. Gustave caillebotte, 1848-1894[M]. Paris, 1994:153.

图 2：H. G, Pundt. K. F. Schinkel's environmental planning of central Berlin [J]. Journal of the Society of Architectural Historians, 1967, 05:121.

图 3：同图 2:122.

图 4：Hermann G, Pundt. Schinkels Berlin[M]. Frankfurt am Main: Propyläen Verlag, 1981:316.

图 5：Paul Ortwin Rave. Berlin-Erster Teil-Bauten für die Kunst; Kirchen; Denkamalpflege-Reihe: Karl Friedrich Schinkel. Lebenswerk [M]. Berlin: Deutscher Kunstverlag, 1981:122

图 6：同图 4:349.

图 7：同图 5:31.

图 8：同图 5:45.

图 9：同图 5:1.

图 10：同图 4:52.

图 11：Monika Steinhauser. Die architektur der pariser oper[M]. München: Prestel-Verlag, 1969.

图 12：同图 11.

图 13：大卫·哈维 . 巴黎城记：现代性之都的诞生 [M]. 黄煜文，译，桂林：广西师范大学出版社，2010: 223.

图 14：Walter Benjamin. The arcades project[M]. Tans. H. Eiland and K. Mclaughlin. Cambridge, Massachusetts: Harvard University Press, 1999:34.

图 15：同图 14:47.

图 16：同图 13:231.

图 17：http://sh.xinmin.cn/special/2011wycn/tt/2011/10/21/12451370.html

图 18：作者自摄。

图 19：http://thejetlife.com/wp-content/uploads/2013/06/Times_Square.jpg

图 20：Mick Douglas and Rochus Urban Hinkel. Atmospheres and occasions of informal urban practice[J]. Architectural Theory Review, 2011, Vol. 16, Issue. 3: 265.

图 21：http://www.rsh-p.com/work/all_projects/centre_pompidou_masterplan.

图 22：Alexander Fils. Das centre pompidou in paris: idee-baugeschichte-funktion[M]. München: Heinz Moos Verlag, 1980: 16.

图 23：http://en.wikipedia.org/wiki/File:Guggenheim-bilbao-jan05.jpg

图 24：贝岛桃代，黑田润三，塚本由晴 . 东京制造 [M]. 东京：鹿岛研究所出版会，2001:3-4.

图 25：Alex MacLean. Über den dächern von New York[M]. München: Schirmer/Mosel, 2012:159.

# 第六章　　从"景观 2"到"景观 3"

　　慕尼黑位于德国南部的巴伐利亚平原，南面紧挨着阿尔卑斯冰川前沿地带。多瑙河支流伊萨尔河自西南向东北从城市中穿过，绵延约 16 千米。城市周边自然景色秀丽，连绵起伏的阿尔卑斯山峦，以及高原台地、峡谷、湖泊让城市久负盛名。慕尼黑也以其数量众多、分布广泛的公园和绿地闻名于世。城中开放空间类型多样，公园、墓园、啤酒花园、河滨绿地等生态保护地和开放绿地比比皆是。和同样精彩的建筑一起，这些自然和人造的景观空间共同组成了城市独特意象，支持着丰富多彩的市民生活、公共活动。人们举办音乐会、足球比赛，野餐、散步。种类繁多的动植物也栖居在这些绿色开放空间里，城市中实现了人与自然的和谐共处。慕尼黑能够有如此成就，与其悠久的景观学传统密不可分。在慕尼黑，人们能找到景观学各个发展阶段的典型案例。而景观学的影响从一开始就是全局的、整体的，奠定城市发展总体格局的。

## 1. "景观"溯源

景观（landscape）可被理解为所有由人类活动界定土地的集合。约翰·布林克霍夫·杰克逊（John Brinkerhoff Jackson）考察了 "landscape" 的各种词源学联系，除了古英语的 "landsckripe" "landscap" 等变体外， "landscape" 还对应着德语的 "landschaft"、荷兰语的 "landscap"，以及丹麦语、瑞典语中的相应词语[1]113。英语 "landscape" 由两个基本词（音节）"land" 和 "scape" 组成。在中古英语中，"land" 意指一份有边界（或者说被界定）的空间，边界不一定以栅栏或围墙的面貌出现，其引申义通常指一份很不错的土地，包括了从犁过的田地到整个英格兰等大小不一的对象[1]115。词根 "scape" 则与 "shape"（形状）同义，意指 "切割" 或 "塑造"。"scape" 还与 "sheaf"（捆、扎）意思相近，意指相同条件同类事物的聚集[1]115。杰克逊如此定义景观： "景观不是环境中的某种自然要素，而是一种综合的空间，一个叠加在地表上的、人造的空间系统。其功能和演化不是遵循自然规律，而是服务于人类社群——因为景观的共有性特征是由世世代代所有观点一致认可。"[1]117 "理想的景观不是被界定为一个遵循生态、社会的或者宗教原则的静止乌托邦，而是平衡持续性和变化性的一种环境"[1]209。

杰克逊将景观学的类型演化划分为三个阶段，即 "景观1"（Landscape 1）对应的中古时代中世纪风土景观，"景观2"（Landscape 2）对应的从文艺复兴时期开始，经过古典主义和工业化时期，盛行至今的景观模式，以及有回归 "景观1" 趋向的当代风土景观（杰克逊称之为 "景观3"）。 "景观2" 以可视性为主导，寻求美学表达和秩序建构。在某种程度上，现代景观基本都是 "景观2" 的孩子。 "景观3"（Landscape 3）又极大不同于 "景观2"， "景观3" 不追求稳定的场所表达，不重视可视性和纪念性，也不在意维护土地上的统一秩序。 "景观3"（Landscape 3）是人造的动态空间肌理（texture），持续变化是其基本特质。在生长、成熟、衰败的自然进程中，动态的景观塑造取代了静态、理想的意象。这样的自然过程既是实质的也是隐喻的。在 "景观3" 体系中，人造空间和自然世界不再像 "景观2" 的体系中清晰两分。 "景观3" 是一种总体景观，它不仅包括自然景观，同时也因为工业化和现代化的进程而成为混合了工厂、基础设施、农业景观的整体景观[2]60。

慕尼黑的景观发展大致经历了中世纪封建时期的农业景观，文艺复兴、巴洛克、洛可可时期的绝对主义王室花园，资本主义兴起和工业革命后的市民花园和小型绿地，以及当代注重自然和生态平衡的总体景观等几个阶段。各时期的景观发展无法摆脱时代的影响，与城市的社会制度和生活方式的变化息息相关。

本章将要介绍的这三个大型景观作品大致对应杰克逊定义的 "景观2" 和 "景观3"。其中慕尼黑英国花园（Englischer Garten）可算是标准的 "景观2"。不同于欧洲其他多是些贵族和皇室私家花园的"景观 2"作品,英国花园是欧洲第一个名副其实的市民花园。英国花园规模庞大,与城市的联系密切,它的影响早已超出了景观学的范畴而进入城市规划的层面。1856 年,当奥姆斯特德(Frederick Law Olmsted)和沃克斯(Calbert Vaux)设计纽约的中央公园时,所参考的造园作品正是慕尼黑的英国花园。奥姆斯特德又不愿意称自己的工作为"风景造园"(landscape gardening)或"花园艺术"(garden art),于是他使用了术语"景观设计"(landscape architecture)来界定这一工作[3]61。可以说,作为"风景造园"的慕尼黑英国花园孕育着现代"景观设计"的种子。而真正将"景观设计"真谛发扬光大的是 20 世纪 70 年代建造完成的奥林匹亚公园。这一作品把景观(landscape)和建筑(architecture)两个门类完美融合在了一起。

进入当代以后,景观设计和规划的变化更为显著。慕尼黑的伊萨尔河规划是新式景观规划的典型,它体现了两方面的变化:第一,现代景观规划已经演变成以生态学为核心,融合了城市规划、工程学、地理学等多学科知识的跨学科工作领域;第二,不加修饰的真实自然取代了如画的、模拟自然为主的景观塑造。当可持续性对于城市的意义越来越重要时,景观学在这方面的工具价值也凸显出来。以美学为标准的风景园林式工作方法已逐渐不适用。新景观学融合了生态学、城市规划、工程学、地理学等多学科知识,开始关注"土地利用、自然资源的经营管理、农业地区的发展和变迁、大地生态、城镇和大都会景观"[4],其工作尺度扩展到城市区域的层面,为区域规划提供协同,战略意义更为显著[5]。

## 2. 风景造园:英国花园

慕尼黑最早的城市景观是始建于 1613 年的宫廷花园。它紧邻王宫,位于旧城东北面。花园风格是巴洛克式的,规则对称的几何形式控制着平面构图。这座花园只服务于王室成员,并不对外开放。之后相当长的一段时间内,慕尼黑的城市景观主要被巴洛克、洛可可式的王室花园所主宰,比如城市西郊的宁芬堡宫廷花园(Schloss Nymphenburg),或是城市北郊的施莱斯海姆宫廷花园(Schloss Schleißheim)。这些花园不对外开放,和市民关系不大,且大多位于市郊。当时慕尼黑还遗留着中世纪的城墙,一般民众很难有机会享用到这些花园。

### 2.1 "民众公园"

英国花园的出现改变了这种局面,从一开始它就被定义为"民众公园"(Volkspark)[6]。它是当时世界上最大的(375 公顷),也是欧洲大陆最早的城市中心区公园(图 6-1)。它诞生于 1789 年,与法国大革命爆发前后相差一个月。这显然不是一种巧合,当时广泛传播的启蒙思潮已经渗透到园

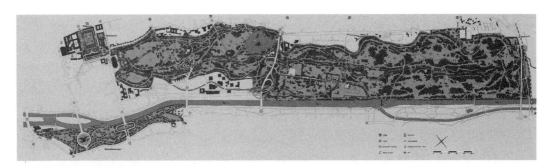

图 6-1 慕尼黑英国花园平面

艺领域，从社会层面推动着造园方式的变革。空间自由且富有变化的英式风景园林更能满足新兴资产阶级多样的公共交往需求，这种造园风格迅速取代了刻板且拘谨的法式巴洛克园林，成为流行的城市景观。

修建英国花园的建议是由巴伐利亚选帝侯卡尔·泰奥多（Carl Theodor von Bayer）的宠臣、北美出生的英国人本雅明·汤普森（Benjamin Thompson）提出的。他本人也是英国花园前期设计和建造工作的负责人。在伦敦生活过的汤普森对当时已流行的英式风景园林有直观的印象。

汤普森不是专业的园艺师，今天英国花园的艺术成就要归功于弗里德里希·路德维希·冯·斯克尔（Friedrich Ludwig von Sckell，1750—1823）的贡献（图 6-2）。斯克尔出生于园艺世家，启蒙老师是其父亲。1773 年，受到泰奥多的差遣，斯克尔前往英国去学习新的风景园造园技巧。在英国的三年多时间里，斯克尔不仅结识了当时英国造园界诸多领军人物，如"万能的"布朗（Lancelot Brown）和钱伯斯（William Chambers），还参观了许多经典的英式风景园，如布雷海姆（Bleiheim）、斯多（Stowe）、邱（Kew）、斯塔海德（Steurhead）。这段学习经历对斯克尔产生了长久的影响，使他得以将地道的英式风景园引入德国，其集大成者即慕尼黑的英国花园。

图 6-2 1820 年的斯克尔

1789 年 8 月 13 日，泰奥多颁布敕令，要求将宫廷花园北面的大片沿伊萨尔河的荒地建设成供各个阶层民众休闲放松的公园。这道命令从一开始就确立了英国花园的公共属性。到 1798 年汤普森离开慕尼黑时，公园已初具规模且已对外开放。园中主要建筑物大多完成，比如，作为英国花园标志的中国塔就已按照巴伐利亚本地的工艺建造完成（图 6-3）。1804 年，斯克尔出任巴伐利亚宫廷花园主管一职，全面接手英国花园的设计建造工作。1807 年，他推翻了原有的设计，提出了一个全新的方案，这个方案奠定了今天英国花园的面貌。到1816年，英国花园的建设工作大体完成。

## 2.2 "如画的景致"：英国花园的造园理念

在卢梭的哲学观念中，"自然"几乎等同于"理性"和"自由"。受卢梭和德国浪漫主义哲学思想的影响，当时人们认为，任何一种造物都能按照自己的本性，以理性的法则来自由发展，无论它是一棵树还是一个人。如果绝对主义君权是对个体的压迫，是不自由的，那么几何形式的巴洛克花园则是非理性的、不自然的。这种对"自然"的追求催生造园模式的变革——英式风景园的诞生。

然而，风景园所要构建的"自然"绝非杂草丛生、无人光顾的荒郊野地，而是一派田园牧歌式的浪漫想象。这种美学意象一开始出现在17世纪法国和荷兰的风景画创作中。风景画家描绘自然的方式、艺术表达的技巧深刻地影响了18世纪的风景园建造。风景园可以说是风景画的立体化。

斯克尔也不例外。他最欣赏17世纪荷兰风景画家雷斯达尔（Jacob van Ruisdael）的作品（图6-4）。"如画的景致"（Pittoreske Ansichten）是他理论和实践的最高准则 [7]41, 42, 99。这一准则也是17世纪的风景造园学的共同准则。在斯克尔看来，仅仅借助自然自身的潜力（如植栽）而不是建筑就能创造出"如画的"空间氛围。从这一点来看，他的造园理念更偏向于布朗而不是钱伯

图 6-3 中国塔

图 6-4 雷斯达尔《海滨麦田》

斯。前者因善于挖掘产地自身的潜力而被冠之以"万能"的名号，而后者则热衷于运用异域和历史风格的建筑物来装点园林氛围。当斯克尔 1804 年接手设计工作时，他尖锐地批评了包括中国塔在内已落成建筑的风格和形式的缺陷，但他更不满公园已落成部分植栽的单调、生硬及树种的贫乏。

斯克尔 1807 年的新设计基本放弃新建园林小品，将注意力集中在树群、草地、水体、道路的铺设和改造上。在 1807 年的设计说明中，他列举了许多可以形成富有表现力和画面感的树种，如橡树、鹅耳枥、欧洲山毛榉、白蜡、悬铃木、枫树、胡桃、柳树。对另一些树种，如山杨、桦木、桤叶槭、皂荚、花楸树，他认为没有表现力而排斥不用。另外，除去云杉以外，针叶林也很少使用，因为这类树种生长姿态并不优美，而且常常看上去很阴郁，无法在形态和颜色上产生调剂的作用[7]222-229。最终，利用树丛对视线的遮挡和引导、草地的开敞，斯克尔有节奏地调节空间的收缩和伸展；利用树丛的光影变化以及树叶颜色的深浅带来的色调差异创造出丰富细腻的空间氛围；利用本地常见树种的大片种植形成宁静和谐的空间景致；利用水体的穿插丰富公园的空间感受。

常见的英国花园画面是：一大片柔和起伏的草地中布置着一两个单独的小树丛，草地的周边则围绕着树群，将公园的边缘遮挡起来（图 6-5）。

道路也是空间组织和视线引导的重要手段。斯克尔认为道路不能一览无余，它需要交替地从松散的树林边缘、密实的树林中心、开阔的草地上方穿过，这样可以产生不断变化的景致。道路和伴随的树群交叉则可以产生更多的空间景深（图 6-5）。英国花园用地南北狭长，为了不让人们察觉到英国花园东西向宽度过窄的问题，斯克尔有意不将视线直接导向开阔场地的中心，而是定位了边缘，那里会有特定的视点将视线再次导入园中。他同时分割边缘区域以形成斜向的空间深度。而对

图 6-5 典型的斯克尔式空间构成：草地与边缘树群（左）、树群和道路的交叉（右）

园林小品，斯克尔严格控制建筑的数量和规模，不允许出现不同风格建筑物堆砌的现象。

英国花园的空间序列被划分为三个层次：第一个层次是距旧城最近的区域，透过树丛和灌木精心剪织出的画框，可以看到以剪影形式出现的旧城精美的建筑轮廓（图6-6）；第二个层次是过渡层次，以乡村风格为主；第三个层次则是最北面的"简单、朴实无华的自然风格"，英国公园在此融入伊萨尔河流域，向北延伸成纯粹的自然风景[7]。

图 6-6 英国花园冬景

英国花园的出现对慕尼黑城市发展影响巨大。在英国花园诞生之前，慕尼黑还只是座常规的中世纪城市，有完整的城墙、稠密的人口，城内缺乏绿地和开放空间，市民缺乏休闲娱乐的空间。英国花园建成后，城市开启了现代化的进程。工业化和现代化让人们可以达到更多更远的地点，也改变了人们的作息方式。新兴资产阶级拥有更多的闲暇时间，进而对休闲放松的开放空间提出更多需求。这种需求随之催生出大量的新型公共开放空间。伴随着现代化进程，慕尼黑人口数量也不断地膨胀。对居住空间的大量需求使新城建设提上日程。慕尼黑成为德国第一个举办城市设计竞赛的城市，当时获胜的设计方案确定新城区向西拓展的计划，设计的灵感即源自斯克尔的英国花园设计。

英国花园代表欧洲造园史上的一种重要模式。它兴起于17世纪的英国、荷兰等地，和绘画关系密切。数百年来，这种造园模式塑造着人们关于自然和景观的认知。"如画的景致"是这种理念的简要概括：自然作为人造世界的对立面需要景观来补偿和救赎。因此，景观是人们关于自然美好想象的物化。杰克逊称这类景观为"景观2"[1]，它致力于呈现一种静态完美的图像，呼应着一种保守的社会秩序。

## 3. 景观设计：奥林匹亚公园

1966年，时任慕尼黑市长的福格尔（Hans-Jochen Vogel）说服了市议会同意承办1972年第二十届夏季运动会。政府选取了城市东北部当时仍为郊区的一片军队驻地作为运动会的主办场地，面积约 280 公顷。同年还举办了专门的设计竞赛。由建筑师君特·本尼施（Günter Behnisch）领衔的一群年轻设计师赢得了这次设计竞赛。（图 6-7）随后，景观设计师君特·格里兹梅克（Günther Grzimek）作为景观设计和施工顾问，建筑师弗雷·奥托（Frei Otto）作为帐篷式屋顶的设计师，以及图像设计师奥特·埃赫尔（Otl Aicher）作为视觉导向系统的设计师共同加入这一大型景观建筑项目的设计建造工作中。他们的共同作品不仅成功地支持了第二十届奥运会，也为赛后的慕尼黑又增添了一处受欢迎的公共空间，慕尼黑市民称之为奥林匹亚公园。每年都有无数的露天音乐会、体育赛事、节庆活动在此举办，吸引人们来此游憩、散步。

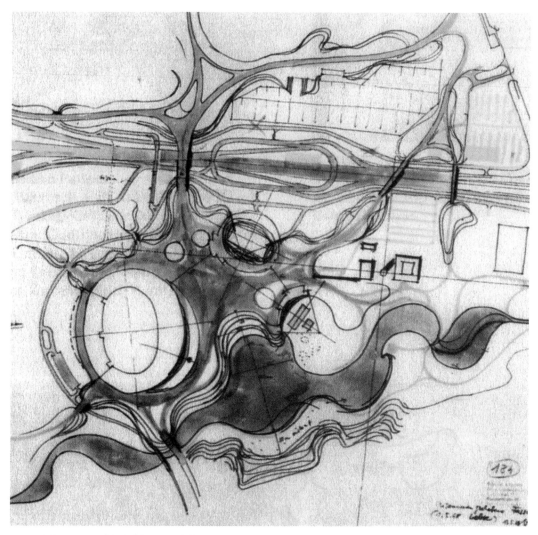

图 6-7 奥林匹亚公园设计概念草图（1967 年）

## 3.1 "景观即建筑"：地形

奥林匹亚公园分为南北两个地块，由双向六车道的快速道"格奥尔格·布劳赫勒"（Georg-Brauchle-Ring）切分而成。南片区是举办运动会的核心地块，布置着主体育场（Olympiastation）、会堂（Olympiahalle）、游泳馆（Olympiaschwimmhalle）等三座主要场馆，以及奥林匹亚山、奥林匹亚湖等主要景观。北面是运动员居住的奥运村，分别是男运动员居住的多层退台住宅和女运动员的两层联排式别墅，以及排球馆和训练场馆等设施。1966 年市政府竞拍下这片场地时，这里还是郊区。宝马公司的汽车装配厂就坐落在附近。半个世纪过去后，这片场地已经发展成较为成熟的城市片区，宝马也在 1972 年和 2007 年紧邻奥林匹亚公园陆续修建了公司总部、汽车博物馆、"宝马世界"等重要建筑。

相对于其他景观设计作品，奥林匹亚公园最具特色的设计在于地形处理。延续着加雷斯·埃克博（Gareth Eckbo）提出的"景观是建筑"的命题，莱瑟巴罗（David Leatherbarrow）探讨了建筑和景观两类学科间的共同之处。他引入了"地形"（topography）概念作为两者的桥梁。两个学科之间的共通之处在于对土地和场地的处理。这种处理涉及物理的、空间的、时间的以及实用性等多个层面 [8]242。奥林匹亚公园可以说是莱瑟巴罗"建筑—景观共通说"的典型例证——奥林匹亚公园最重要的工作内容即在于地形处理（图 6-8）。

通过复杂的景观形态变化，设计师本尼施和格里兹梅克传递出三个主要意图。第一，通过创造一种有机的、准自然的景观为这次"缪斯和欢乐节日"提供一个舞台，使其成为"一场绿色的奥运会、

图 6-8 奥林匹亚公园地形处理，1972 年

一场近距离的奥运会"[9]10。设计师复杂多变的景观处理大量参考了阿尔卑斯山北麓前沿地区的自然景色、地形地貌的特点，让来访的人们很容易联想到奥运会举办城市的地域特色。第二，山、水、半掩入地的体育馆处理方式也是对古希腊奥林匹亚"湖、水、地中的运动场"地形的致敬[10]。第三点最为重要，设计师试图以这样的景观设计和战前纳粹德国的黑暗历史划清界限，特别是与1936年的柏林第11届奥运会区分开来。相对于柏林奥运场馆的中轴对称、威严肃穆的设计表达，慕尼黑奥林匹亚公园准自然的景观处理方式活泼、轻松、欢乐，并带着点儿未来主义的气息。建筑师将大体量的建筑半埋入地下，以削弱它们的纪念性，图像设计师设计了明快简洁的视觉导引系统（图6-9），景观设计师制造的山坡、湖岸、小径以及云状的屋顶呈递出无处不在的柔和曲线，鼓励人们自发参与。这些设计处处流露出一种自信、积极、乐观的新时代精神，折射出战后德国经济快速发展、政治清明民主的新国家形象。

在公园南片的核心区，这种活泼的准自然地形处理最为典型。核心区又可分为场馆区和山地景观区两片主要区域。两区之间，以8.6公顷的奥林匹克湖相隔。地形上，场馆区被处理成"高山台地"的模式，中间湖面是核心区的中心，地势最低。地势最高处是南面的山景区，最高点是高达60米的奥林匹亚山。这一高度也是慕尼黑城区地形最高之处，登顶可以眺望慕尼黑中心区，以及更南面的阿尔卑斯山。堆山的材料来自第二次世界大战遗留下的战争废墟。山体是自由塑形的重要手段。格里兹梅克大量参考阿尔卑斯山北麓的自然地形地貌，设计了一系列地形模式，包括山谷、峡谷、低洼地、高山台地、山峰等地形。设计师还大量运用了所谓的"燕子窝"的地形，借此将主要场馆掩入地面之下[9]12。比如能够容纳8万人观众的主场馆有三分之二的体量位于地面之下，留在地上的部分已看不出大型体育场馆的痕迹。

格里兹梅克希望通过山体的塑造（平缓和急促的坡度对比，大面积的草地种植）刺激人们自发活动。他不想创造一个封闭的绿洲，而是开放的，供所有人参与的公共绿地。格里兹梅克视这类自

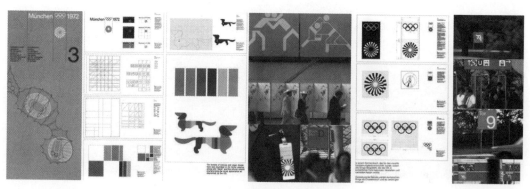

图6-9 奥运会宣传小册，设计者奥特·埃赫尔

发活动为公园后续设计的组成。整个公园场地投射出节庆的特质。人们可以根据地形和季节的不同展开不同的活动，散步、观景、举办足球赛、嘉年华、大型文化活动。这些名目繁多的活动是奥林匹亚公园常年吸引游人、市民的重要因素（图 6-10）。

Sommer 1972

Winter 1972

Fußballspiel im Olympiastdion

Kinderspiel 1972

图 6-10 奥利匹亚公园的各种活动（左上 1972 年夏天，右上 1972 年冬天，左下足球比赛，右下儿童游戏）

### 3.2 "建筑即景观"：屋顶

奥林匹亚公园主体建筑的处理也颇具特色。大型场馆等主体建筑设计服从于人造景观和地形处理原则。建筑物尽管体量宏大，却大量以巧妙的地形处理消解掉体量上的影响。但即便如此，建筑设计仍要解决如何统一大型体育场馆与地形的关系，不至于让大体量建筑与整体设计原则相冲突。屋顶的处理成为其中的关键。德国 2015 年普利兹奖得主奥托设计了这一带有未来主义色彩的屋顶。屋顶覆盖并连接着入口区、主场馆、大厅、游泳馆等主要建筑及其中间敞开部分，光是覆盖在主场馆上的屋顶面积就达到 7.5 万平方米（图 6-11）。屋顶的主要覆盖材料是有机玻璃，主体结构由 50

多根吊杆通过拉索支撑起来。其仿生学的设计，在自然和结构、有机与技术形式之间形成和谐的对话和共鸣。直到今天，这一富有想象力的屋顶设计，仍是现代建筑史上最为闪耀的作品之一。

图 6-11 奥林匹亚公园体育场馆的屋顶

图 6-12 奥林匹亚公园 2009 年总平面图

北区奥运村的建筑设计代表了 20 世纪 70 年代建筑设计的时代精神。由建筑师海因勒（Heinle）和维舍尔（Wischer）设计的男运动员宿舍采用了 70 年代流行的退台风格，每户住宅都面向南面的主场馆。女性运动员宿舍则是低矮的两层联排别墅区，被处理成"村子"的形式。赛后，男运动员宿舍被出售给市民，女运动员宿舍被用于学生宿舍，这片区域已成为慕尼黑颇受欢迎的住宅区。奥运村片区的景观处理同样延续了南片区的处理手法。通过缓慢抬升形成的坡道和噪音屏障可以阻隔穿越基地的快速路噪音。联系起南北两片基地的两座步行桥则克服了快速路在视觉和功能上所造成的割裂，让南北两片联结成整体（图 6-12）。

值得一提的是，从 1972 年开始，陆续有许多优秀的建筑围绕着奥林匹亚公园建造完成。1972

年,宝马公司将公司总部迁至奥林匹亚公园东面场地,他们聘请了著名的奥地利建筑师卡尔·施瓦策(Karl Schwanzer)为其设计公司总部和汽车博物馆,建筑师设计了四个吊挂的圆柱体和一个碗状的造型,辨识度很高,是现代建筑的精品。2007 年,宝马又委托了著名的奥地利建筑师组合蓝天组(Coop Himmelblau)为其设计了"宝马世界"(BMW Welt),建筑紧挨着宝马总部和汽车博物馆。公园南面的阿克曼博根(Ackermannbogen)大型住宅区开发也是慕尼黑最新的住宅混合社区项目,代表着德国住宅建设的最新水准。

第 20 届奥运会的举办带给慕尼黑巨大的影响。虽然,奥运会举办过程中发生了巨大的意外[11],但是这次奥运会让人们重新认识了德国,扭转了人们对德国的负面看法。而经历了战后繁荣的德国也通过这次盛会重获民族自信心。对慕尼黑城而言,奥运会为城市留下了一个最受欢迎的公共空间,同时也带动城市新区向北拓展。奥运会结束后的很长一段时间内,城市发展的重心一直集中在北部。

从景观学发展来看,奥林匹亚公园大体上还属于"景观 2"的范畴,是非常成熟的景观设计作品。奥林匹亚公园设计蕴含了前卫的社会意识。格里兹梅克意图将公园设计成人人皆可进入、使用、参与的公共场地。这种使用与公共参与本身就是景观动态变化的一部分。从结果上看,本尼施和格里兹梅克最初所设想的"民主的绿地"和"可使用的景观"目标已基本实现。更进一步而言,如果我们将动态变化的时空结构视作景观最重要特质的话,"景观 3"的萌芽已经在奥林匹亚公园生发。

## 4. 景观规划:伊萨尔河规划

进入 21 世纪以来,全球气候变暖、人口增长、资源匮乏对人类社会的可持续发展造成重大挑战。这些因素的影响下,景观领域出现新的范式转型。生态学取代美学成为新景观学的工作模型和概念基础。"生态学领域已经从经典的还原论,关注稳定性、确定性、可预测性和秩序转变为更加支持动态系统的变化和与之相关的不确定性、适应性和弹性。"[12]83 这种新范式转型带来的影响不只是狭义生态层面的,也涉及隐喻层面,或者说广义层面。城市社会体系、经济结构和人口的变化,如贫民窟、拆迁、绅士化、致密化、后工业化,同样属于新生态体系[12]90。也就是基于这样的背景,我们才能理解"景观是人造空间的动态结构"这一判断的意义所在。这种景观体系是整体的(total)的,涵盖了所有人类活动所影响的空间,其根本特性是持续变化。在慕尼黑,最能体现这一新景观理念的作品是新近规划并逐步付诸实施的"伊萨尔河规划"(Isar-Plan)项目(图 6-13)。

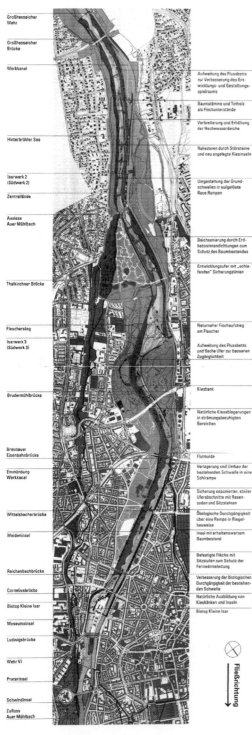

图 6-13 伊萨尔河规划

## 4.1 伊萨尔河景观

伊萨尔河源于阿尔卑斯山融雪，由南自北流经慕尼黑而入多瑙河。河水流速缓慢，许多地段河床虽然宽阔，但只在山洪暴发时才会被水流覆盖。洪水退去后，常常露出许多砾石浅滩和河心小岛，将河水分成几汊。这些浅滩和小河，既是动植物繁衍生息的地方，也是人们接触自然、亲近河水的场所。

受到英国花园的影响，19 世纪开始的慕尼黑城市扩张，其重心主要集中在北面。南部城区相对迟缓的发展节奏让伊萨尔河南段流域保留了相当多的自然风貌。伊萨尔河南段遂成为市民郊游踏青、放松身心的首选场所。同步于城市扩张而兴起的水利建设则逐渐改变伊萨尔河的野生面貌，干扰沿河动植物的生存状态，阻遏了人们亲近自然——伊萨尔河被套上了紧身衣。

对于当今的风景园林学实践，有两类环境资源是其重要的实践对象。一类是对城市环境质量提升有显著影响的山脉、河湖、植被；另一类则是长期被忽视的基础设施，包括铁路、桥梁、公路、河道等。伊萨尔河在慕尼黑南段的流域恰恰集合了这两类景观资源：一方面，阿尔卑斯山重峦叠嶂，河岸森林繁茂，岸线与河床形态多变，生物种类多样，是伊萨尔河南段得天独厚的自然景观资源；另一方面，越来越渠化的笔直河道、几何式的河床剖面、混凝土陡坡式的防洪堤、水坝和桥梁等水利基础设施也在打磨掉伊萨尔河的自然特性。如何利用伊萨尔河的景观和环境要素，将之塑造成开放且可进化的社会、文化和生

144

态系统成为人们需要考虑的新课题。

## 4.2 "再自然化"：伊萨尔河再生

随着战后德国环保意识的提升，人们开始审视过度的建设活动对伊萨尔河生态和景观平衡的破坏。20世纪八九十年代，恢复伊萨尔河自然风貌的呼声日渐高涨。在这种背景下，1995年，慕尼黑水利局协同建筑、规划、环境与健康三个部门组织了跨学科的规划团队和专家小组，对城市南部边界（格罗斯黑塞洛赫桥，Großhesseloherbrück）到核心区（博物馆岛，柯内利乌斯桥，Corneliusbrück）之间将近8千米的河段做了全面的环境规划（图6-13）[13]217-269，之后按照规划实施河段整治。整个工程于2011年6月结束。

这个规划和整治工程试图达到三个目标：更好的防洪保护；更接近自然的河流景观；更多具有休闲游憩品质的城市郊野空间[14]69-78。目标1是刚性的安全需求；目标2试图恢复伊萨尔河的野生面貌和生物多样性；而目标3则希望为市民开拓出更多社会交往、体育锻炼、休闲娱乐的开放空间。规划将伊萨尔河分作三个片段：第一段全长约4.2千米，从城区最南的河段开始，以乡村的自然风貌为主，规划试图强化这一河段流域的生态价值和物种多样性；第二段全长约2.3千米。作为过渡河段，它衔接了南面的自然景观和北面的城市景观；最后一段则是长约1.8千米的受城市生活影响较深的内城河段。一些自然风貌保存良好的地段，如动物园附近的弗劳赫（Flaucher）是规划的样板。大片的砾石滩、多股分叉的小溪、岸边茂密的森林让此处早在20世纪30年代就已成为慕尼黑最受欢迎的消夏场所（图6-14）。

规划的主要原则是"再自然化"——通过"修正"百余年来陆续实行的水利措施，削弱它们过重的人工痕迹来恢复伊萨尔河形态和生态的平衡[13]。具体措施包括：（1）拓宽河道，为河滩、草地的发育提供空间（图6-15）；（2）将原来河床中每隔200米浇筑的混凝土地槛改造成挡石，既减缓水流速度也保障鱼类的洄游路线（图6-16）；（3）将混凝土浇筑的陡坡斜面河岸改造成平缓的平台式的砾石滩型的河岸、河滩，在某些河段放置枯树干和树根，以营造出水生生物

图6-14 弗劳赫河段风光

**145**

图 6-15 同一河道改造前后对比

图 6-16 河床原来的地槛改造成挡石

的栖息环境（图 6-17）；（4）加宽、加高防洪堤，满足防洪需求的同时还可以用作沿河的步行道和自行车道；（5）将内城河岸改造成大台阶以增加休闲游憩的空间[13]。

　　和 18 世纪风景园设计一样，"自然"仍然是这次新规划的中心议题。只是在这里"自然"已不是某种理想图景的美学再现。环境保护和生态平衡的内涵在当代景观规划的"自然"概念中显著

## Flache Ufer im Stadtbereich

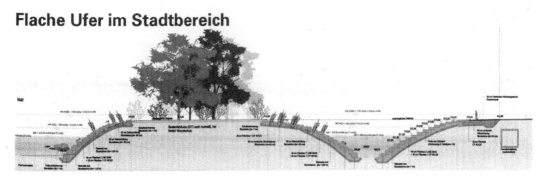

图 6-17 堤岸平缓

提升。景观的美学价值尽管重要，但并非首要考虑的因素，而且在多数时候，它只是一种水到渠成而非刻意为之的结果。"伊萨尔河规划"工程完工后，砾石荒滩、水流、灌木丛组成的多层次的河岸形态改变了过去混凝土挡墙和几何式河床的单调、僵硬的河流景观。

生态的含义不仅仅局限在狭义的自然层面，优化沿河的社会和文化生态系统也是规划的目标。改造后河岸更好的亲水性提升了伊萨尔河的休闲品质。拓宽的河床、平台式的河滩、多样的动植物种类、平缓的河水吸引着人们前来体验（图 6-18）。人们可以在岸边漫步、骑车、太阳浴、野餐、烧烤（弗劳赫以南的沿河两岸是慕尼黑官方许可的篝火燃放地），也可以在河中游泳、冲浪、划艇、钓鱼（图 6-19）。

图 6-18 改造后的砾石滩增加了亲水可能

图 6-19 弗劳赫河段的休闲活动

相对而言，市中心河段的情况要复杂一些。沿河流域的建筑、人行道与自行车道、街道、旧桥梁在这一河段打上了明显的城市烙印。城市居民对休闲空间的需求显著增加，生态与自然保护的意义相对降低。慕尼黑市政部门为此专门召集了一次城市设计竞赛以商讨河滨台地的处理方法。设计一方面要保留和拓展泄洪滩涂上已有的多样休闲活动，另一方面也要兼顾防洪的安全需求。最终的实施方案沿用了南段伊萨尔河的景观处理方式，用浅滩和小岛来分流河水，河岸则处理成台阶以满足人们休闲游憩的需要（图 6-20）。

图 6-20 内城河段改造前后对比

## 5. 从"景观 2"到"景观 3"

1789 年开始建造的英国花园是典型的风景园林作品。它所关心的核心问题是美学层面的问题。作为一种虚构的自然，它被设计成城市世界对立面，一个诗情画意的世外桃源。斯克尔个人主导了这一中等尺度景观的艺术创作。值得注意的是，一些现代景观设计的因素也在英国花园中萌芽：一方面，英国花园已经涉及自然资源的管理，如管理和整治伊萨尔河；另一方面，英国花园也影响了19 世纪开始的慕尼黑现代化进程。英国花园成为城市扩张的空间骨架，比如新城区（马克斯佛施塔特，Maxvorstadt）和新轴线大道（路德维希大道）都是平行于英国花园而展开的。

英国花园开始建设的 80 年后，新的奥林匹亚公园出现在慕尼黑，这一公园更为显著地体现出景观设计学的特性。由奥姆斯特德等美国景观设计师发展出当代景观学工作方式，其直接的源头仍然可以追溯到慕尼黑的英国花园。相对于英国花园，奥林匹亚公园的设计中蕴藏着更为明显的社会意识。建筑师本尼施、奥托与景观设计师格里兹梅克合作创造出一个人人皆可进入、使用、参与的公共场地。按照杰克逊的体系分类，我们可以把慕尼黑的英国花园和奥林匹亚公园视为"景观 2"

体系，但很明显奥林匹亚公园已开始出现向"景观 3"过渡的苗头。

伊萨尔河规划将焦点转移到生态层面，景观实践的目的是创造一个可持续的（生物、社会、文化）生态系统。自然在伊萨尔河规划中并非外在于人类生活的理想场景。这个规划一方面承认伊萨尔河从来就没有远离过人类生活，百余年人们从未停止过对它的改造和利用；另一方面，"再自然化"的目的不在于创造理想化的美学场景，而是重构一个可进化的开放环境系统，一个既对人类休闲活动开放，促进市民健康，同时也可以恢复伊萨尔河生态平衡的开放系统。在规划对象的规模上，伊萨尔河规划也超过英国花园和奥林匹亚公园，伊萨尔河规划的对象是市域内近 8 千米的流域，其中既包括自然要素也包括人工的基础设施，因此伊萨尔河规划的多学科合作范围也大大扩展，规划的制定包括了来自水利、生态、规划、古建保护、公共卫生等多个领域专家的合作，并复合了防洪、生态、游憩等多个目标。

今天，由英国花园、奥林匹亚公园、伊萨尔河以及其他大大小小的开放绿地共同组成的景观体系对慕尼黑城市生活举足轻重。它们不仅是巨大的公共空间，同时也是平衡人类生活与自然环境关系的生态乐园。对于正处于急促城市化时代的中国而言，如何构建一个耦合自然和城市的可持续发展系统成为风景园林学的紧迫课题。从慕尼黑景观体系的经验来看，无论是传统的景观设计、风景造园，还是新兴的景观规划都可以发挥各自的作用，这或许可以给我们的城市景观实践带来启发和帮助。而关键之处在于，我们应该认识到景观是人造空间的动态结构，持续的动态变化永远是景观学工作合理性的来源。

## 注 释：

[1] 约翰·布林克霍夫·杰克逊. 发现乡土景观 [M]. 俞孔坚，等，译. 北京：商务印书馆，2016。

[2] Martin Prominski. Landschaft entwerfen: zur theorie aktueller landschaftsarchitektur [M]. Berlin: Dietrich Reimer Verlag, 2004.

[3] 乌尔·维拉赫. 景观是造园？ [M] // 加雷斯·多尔蒂，查尔斯瓦尔德海姆. 何谓景观？——景观本质探源 [M]. 陈崇贤，夏宇，译. 北京：中国建筑工业出版社，2019。

[4] 孙筱翔. 风景园林（Landscape Architecture）：从造园术业、造园艺术、风景造园到风景园林、地球表层规划 [J]. 中国园林，2002(4): 7-12。

[5] 关于"景观设计"（landscape design）和"景观规划"（landscape planning）的中文命名之争可参见孙筱翔《国际现代 Landscape Architecture 和 Landscape Planning 学科与专业"正名"问题》和《风景园林（landscape architecture）：从造园术业、造园艺术、风景造园到风景园林、地球表层规划》。在这两篇文章中他讨论了风景园林（landscape architecture）的历史基础——风景造园（landscape gardening）或景观设计（landscape design）和其创新发展——大地规划（landscape planning）。但是，对于这一系列的术语——"landscape design""landscape gardening""landscape architecture""landscape planning"的中文译名，国内学界仍有不同意见。赵晶和刘通的论文《园林历史中景观规划理念与实践初探》对此有很好的讨论和总结。为行文方便，本文将"landscape gardening"称为"风景造园"，将"landscape architecture"称为"景观设计"，将"landscape planning"称为"景观规划"，并弃用"landscape design"这一国际上不常使用的术语。

[6] 慕尼黑的英国花园（Englischer Garten）一开始被称作"泰奥多公园"（Theodors Park），以纪念命令修建公园的卡尔·泰奥多。但不久后就根据其风格被改称为"英国花园"（Englischer Garten），这一名称一直沿用至今。为了避免混淆，本文用"英国花园"专指慕尼黑的英国花园，而"英式风景园"则指称起源于 18 世纪英国的园艺风格及其代表作品。

[7] Pankraz Frhr, Von Freyberg. Der Englische Garten in München [M]. München: Alois Knürr, 2000.

[8] 戴维·莱瑟巴罗. 景观是建筑？ [M] // 加雷斯·多尔蒂，查尔斯瓦尔德海姆. 何谓景观？——景观本质探源 [M]. 陈崇贤，夏宇，译. 北京：中国建筑工业出版社，2019.

[9] Referat für Stadtplanung und Bauordnung. Perspektiven für den Olympiapark München: landschafts- und stadtplanerische rahmenplanung [R]. 2011.

[10] Referat für Stadtplanung und Bauordnung. Olympiapark: ein rundgang – a tour through Olympiapark [R]. 2016.

[11] 1972 年奥运会举办期间，11 名以色列运动员被巴勒斯坦恐怖分子杀害，成为当时闻名于世的严重政治恐怖事件。

[12] 妮娜·玛丽·李斯特. 景观是生态？ [M] // 加雷斯·多尔蒂，查尔斯瓦尔德海姆. 何谓景观？——景观本质探源 [M]. 陈崇贤，夏宇，译. 北京：中国建筑工业出版社，2019.

[13] Christine Rädlinger. Geschichte der isar in München [M]. München: Franz Schiermeier Verlag, 2012.

[14] Christine Rädlinger. Neues leben für die isar: von der regulierung zur renaturierung der isar in München [M]. München: Franz Schiermeier Verlag, 2011: 69-78.

## 图片来源：

图 1：Bayerische Verwaltung der staatlichen Schlösser, Gärten und Seen.

图 2：Pankraz Frhr, Von Freyberg. Der Englische Garten in münchen [M]. München: Alois Knürr, 2000: 37.

图 3、图 5、图 11：作者自摄。

图 4：Martina Sitt, Pieter Biesboer. Jacob van ruisdael: die revolution der landschaft [M]. Zwolle: Uitgeverij Waanders B. V, 2002: 119.

图 6：Pankraz Frhr, Von Freyberg. Der Englische Garten in München [M]. München: Alois Knürr, 2000: 174. 戴维·莱瑟巴罗. 景观是建筑？ [M] // 加雷斯·多尔蒂，查尔斯·瓦尔德海姆. 何谓景观？——景观本质探源 [M]. 陈崇贤，夏宇，译. 北京：中国建筑工业出版社，2019.

图 7、图 8、图 9、图 10、图 12：Referat für Stadtplanung, Bauordnung. Perspektiven für den Olympiapark München: landschafts-und stadtplanerische rahmenplanung [R]. 2011: 11, 12, 19, 17, 25.

图 13、图 14、图 15、图 16、图 18、图 19、图 20：Christine Rädlinger. Geschichte der isar in München [M]. München: Franz Schiermeier Verlag, 2012: 214-215, 225, 253, 247+250, 248, 244, 234.

图 17、图 20：Christine Rädlinger. Neues leben für die isar: von der regulierung zur renaturierung der isar in München [M]. München: Franz Schiermeier Verlag, 2011: 41, 6.

# 第七章　　社会性实践与专业伦理

　　研究德国实践的目的在于服务中国实践。谈论社会建筑实践，最终仍需回归中国现实。参照于德国建筑在维护社会公平方面取得的成就，我国社会性实践的提升空间仍然巨大。在当下的中国，城市和乡村都存在社会性建筑实践突破的可能，比如在租赁型保障性住宅和乡村建设两个领域。需要警惕的是不假思索的简单应用。虽然德国经验值得借鉴，但中德两国不仅在人口数量、国土面积、城市规模上差别巨大，历史文化、社会习俗、政治制度也不尽相同，任何借鉴德国经验的尝试都需在中国现实下仔细辨析，审慎斟酌。

　　回归中国现实还意味着时代变化下的社会公平内涵和外延的变化。新技术的应用带来新的社会问题。应对这些问题要求我们要有敏锐的问题意识。但在新技术广泛应用的影响下，对工具理性的盛行需要保持警惕。尽管时代在变化，正确的专业伦理观仍然是保持城市建筑实践社会性的起点。

## 租赁型保障性住宅

　　我国保障性住宅体系形成历史不算太长。1994 年，当时的建设部颁布了《城镇经济适用房住房建设管理办法》。这一年可算是中国保障性住宅建设的起点。我国社会住宅建设一开始以出售性保障住宅为主，即我们所俗称的经济适用房。到了 2013 年，因为经济适用房分配容易滋生权力寻租和腐败，各地又逐渐取消了经济适用房，并将保障性住宅建设的重心转移到出租型保障住宅上。

这种保障性住宅分为廉租房和公租房两类模式，其中公租房模式类似于本书第三章提到的慕尼黑住房资助体系中"为所有人而居"模式，而廉租房类似于同一体系中的"总规 III"项目（见第三章讨论）。前者主要面向中低收入阶层，比如无房大学生、家庭贫困人员，后者主要面向生活水平处于最低保障标准线附近的住房困难家庭。和德国一样，这些租赁型保障性住宅会限定户型面积、居住对象的收入标准、租金标准等。

在我国现有住宅保障体系之下，政府往往承担了土地和住宅的双重供给任务。这一点与德国的社会住宅与土地制度有很大不同。因为有"可继承建筑使用权"和"土地与房屋使用权分离"的原则保障，德国的住宅与土地制度留给多元市场主体较多余地，他们可以自主设计和建造自己的住宅。政府（在德国主要是城市级别的公共权力机构，比如市议会）只负责土地供给与资金支持，并不直接参与具体的住宅建设。政府只需通过控制资金和土地来引导这些主体实现既定的宏观目标，比如增加住区社会阶层的多样性，鼓励采用低碳节能的建造手段，鼓励建设不封闭且设施共享的开放社区，等等。这些市场主体多是些半公半私的社会主体，比如住宅建设协会、住宅合作社、建造共同体、基金会。通过这种方式，德国社会住宅制度体系在保障住房公平分配的同时，也激励多元社会主体尽可能发挥自己的创造力和积极性。因此，对于德语地区的城市居民而言，社会住宅不是低端品质和弱势群体聚居区的同义词。相反，社会住宅往往房型多样、建筑形态丰富、社会关系融洽，受到社会各个阶层的欢迎。作为城市的基本单元，社会住宅对城市活力、社会公平、景观品质贡献较大。

在欧洲，土地所有权和使用权分离的制度传统非常悠久。根据城市规划师埃伯施塔特（Rudolf Eberstadt）的研究，早在 12 世纪，德国城市的土地与地上建筑使用权分离的制度就已非常完备。到了 1919 年，《魏玛宪法》正式确立了土地使用权和所有权分离的"可继承建筑使用权"（见第三章）。正是因为这一基本制度的保障，德国社会住宅建设才能够在维护社会公平与增进城市魅力这两方面达成平衡。

相形之下，我国租赁型保障性住宅体系推行时间不长。在二十余年商品住宅的迅猛发展背景下，将住房作为家庭财富保障品的观念在中国社会非常流行，老百姓对租赁型社会住宅接受程度不高。受这些因素影响，社会住宅体系对革新城市建筑设计方法的推动作用有限，建筑师参与社会性住宅设计实践的热情也有限。这一点从现有社会住宅领域作品的表现可见一斑。在我国，社会性住宅设计领域还未出现真正富有影响力的作品。

值得一提的是，目前正有条不紊展开建设的雄安新区是推进社会性住宅实践的巨大机会。雄安新区是国家自上而下推动的大型社会空间实验，有很多制度上的创新。例如，国务院《关于河北雄安新区总体规划（2018—2035 年）的批复》中，就已经明确了雄安严禁大规模商业房地产开发的方针，同时明确实行多主体供给、多渠道保障、租购并举的住房制度与房地产市场平稳健康发展的长效机制[1]。

从各方面情况来看，我国社会住宅的实践还只是刚开始，处于基础制度的建设阶段。在公租房和廉租房这一新兴社会住宅实践领域，无论是民众参与、具体实施、社会治理、后续运营、还是城市规划和建筑设计的理论和实践都还处在探索阶段。由此而言，德国相对成熟的社会住宅经验或许可以作为他山之石，为我国的社会住宅建设提供制度、组织、管理、设计、建造、运营上的重要参考。

## 乡村建设

现阶段，另一个最有可能产生社会性效应的领域是乡村建设实践。大致从 2008 年开始，乡村振兴逐渐成为城乡发展的热点领域。目前商业上比较成功的乡村建设案例首先出现在城市化程度发达的长三角和珠三角区域。长三角地区一些靠近上海、苏州、无锡、常州、南京、杭州、宁波周边的乡村凭借自身的资源禀赋和交通优势，成为吸引社会资本的热点地区。在城市地产开发节奏大大减缓、生产过剩大趋势下，这些乡村成为新的增长亮点。乡村的历史建筑、秀丽景色、文化传统、农业特产，甚至社会习俗都可以通过资本撬动被成功吸纳到城市、全国乃至全球的资本循环体系中，由此产生增值收益，带动乡村发展。

中国当下乡村建设的发展原理并不特殊，其情形与《空间生产》一书描述的 20 世纪 70 年代的法国非常类似。列斐伏尔在书中写到，从地图上看，从贝尔莱唐（Berre-l'Etang）[2] 到勒阿弗尔（Le Havre）[3] 途经罗纳河谷（Rhone）、索恩河谷（Saone）、塞纳河谷（Seine）的是一条窄长的区域带，这条区域带代表着过度工业化和过度城市化的区域如何把其他未充分发展的法国地区贬抑成仅具有旅游潜力的区域，这种空间生产的状态代表了来自工业化的、城市的、国家主导中心的富人对外围区域（peripheral regions）资源的利用模式[4]84。与当时这些发达工业国的空间生产模式一样，我国目前在乡村发展大潮中占据先机的、受投资者青睐的地区往往是资本容易增值的乡村。它们多是些基础设施完备、区位条件有利、自然或人文景观资源得天独厚的乡村，比如民宿业极为发达的浙江莫干山。而那些条件相对一般的乡村，无论是投资还是设计，都不会有太多投入。

在设计层面，乡村建筑流行所谓的"小清新"设计风格主宰。形成这种风格的原因很多。许多设计师希望通过乡村项目来实现自己的形式表达欲望——相对于城市建设项目的规划管制条件严苛、投资周期过长、各方利益协调困难等多方面的限制，建筑师在乡村能够获得一定的创作自由，有较大的话语权，更容易将自我的形式趣味付诸实施。但乡村项目又往往存在资金投入不足、成本控制较为严格的限制条件。小清新式设计方法作为一种性价比较高的设计手段，既容易实现，也比较迎合更有消费能力的城市中产和都市白领的审美需求。于是我们经常看到的一种现象是，许多民宿设计、老宅改造、环境设计的新奇案例会通过朋友圈、公众号、App 等新媒体迅速传播，在制造了足够的噱头和关注度之后又很快被遗忘，被其他清新的设计案例所取代，折射出消费时代的"速朽"趋势。

这种囿于传统专业姿态和知识贮备，热衷于形式表达的实践状态可能没有回应本地居民的真正需求，对培养乡村本土发展能力，激发群众共同参与这些超出形式构建的社会建设领域的事务鲜有触及，也没有做好知识上的准备。乡村建设团队通常将注意力放在设计改变乡村物质环境形式的可能，比如为乡村设计标识引导系统、改造乡村旧宅、设计农产品包装、美化乡村环境等，但对项目落地实施的可能性考虑不足。过于倾向于美学表达的乡建策略也会转移对本该更受应重视的现实问题的注意力。比如，如何解决乡村公共需求，包括增加基础设施供给，改善环境卫生，增加教育医疗养老设施供给等。而社会空间营建和解决公共需求的任务光是靠短短几天时间现场调研是无法解决的。它需要乡村建设团队深入乡村，与当地村民共同生活，建立信任关系，了解民众日常需求等。其工作内容实际上已将乡建重心从物质领域转移到社会经济领域，超越了传统建筑学的工作范畴。这些转变对建筑学专业而言未尝不是革新的机会。

本书第二章曾经提到过德国等国建筑院校开展的"设计—建造"运动。形式上，它与国内正在开展的乡村建设很相似。"设计—建造"运动采取"沟通与学习"的工作模式。大学生和设计师需要和当地民众紧密沟通，了解本地传统、生活习俗、建造形式，而不是简单地将自己的生活方式和观念强加于本人。对于乡村建设而言，建筑师如何与本地民众建立起信任和尊重的关系，如何用设计来强化本地民众的自我认同，如何构建长期稳定、积极参与的社会网络，如何用就地取材的方式来整合乡村资源，如何打破刻板固化的发达与不发达的劳动分工等级体系，所有这些问题的解答都需要设计者打破狭隘的形式操作偏好，将设计演变为服务本地现实问题的解答和社会共同体构建的实用主义策略。

## 专业伦理

最后，正如前言所述，我们所有关于社会公平的实践策略的基础是当下的公平正义观念，之所以说"当下"，是因为这种公平正义观念受到具体时空条件的制约。我们当今所处时代是一个新技术层出不穷的时代。移动互联网、无人驾驶、AI 技术、区块链技术，任何一项技术的成熟应用都足以给我们的生活带来颠覆性的改变，影响着社会生活形式与城市建筑的实践。和百年前的柯布西耶一样，我们也站在时代改变的十字路口。建筑实践该何去何从？是否应像柯布西耶那样，义无反顾地拥抱新技术,并创造一套属于未来的新建筑语言？或是如库哈斯所说的,"建筑学将不复存在"[5]18？

　　一个已很明显的趋势是新工具理性又一次支配了建筑和城市研究与实践。说它"又一次"是因为当下这种以代数化逻辑为底色的设计研究不过是历史上已屡见不鲜的数理逻辑至上论的再次还魂。比如,在扎哈·哈迪德和她的后继者舒马赫（Patrick Schumacher）的影响下,参数化设计成为最近若干年的设计潮流。在参数化工作模式中,只要输入功能、技术、经济等各种条件似乎就可以生成最优的符合投资需求的结果。哈迪德广负盛名的表现主义建筑形式也正是依靠这种近乎神秘炼金术般的数学手段求得的。但仅仅基于常识就可以判断出哈迪德和舒马赫作品那种弯曲的、有机的、表现主义式的建筑形式并不符合经济逻辑[6]90。

　　另一个工具理性的案例是 BIM 技术的广泛应用。如果 BIM 标准获得推广,至少在技术层面,建筑师个人作者属性将被大大削弱,毫无疑问,一同削弱的还有使用者的个体属性。而削减了人的属性的建造物是不是又会演化成一套功利主义式的机械化工具？这些问题需要我们审慎判断。

　　类似于建筑设计领域,数理逻辑同样在城市规划与研究领域盛行。随着大数据技术的兴起,新的数字技术分析工具在城市研究中的大量应用为城市规划和城市设计带来一种伪合理性。著名的社会学家赵鼎新曾批评社会学研究中流行的仿自然科学逻辑的伪理性现象。这类研究违背了社会科学研究自身的特有规律,但却因套上科学的形式外衣而广为流传。现实中常见的情况是,一部分工具理性极强的学者,在研究起点的概念本体尚处于模糊状态时,通过"在电脑面前'按摩数据'（massage data）,发表 SSCI 文章,不遗余力地把社会科学推向历史和现实日益脱离的专业化道路"。[7]15 从这类研究中获得的结论不仅很难支撑现实的实践,也将城市问题的解决路径引向一种与经验事实越来越不切合的境遇。赵鼎新强调："学术和经验事实越来越不切合……最可悲却几乎不可避免的情景是主流社会观念和主流学术观念合流,学术降为权力的附庸和帮凶。历史上,这种情景带来的总是灾难——古今中外,无不如此。但是……人类几乎不可能从这儿真正吸取教训。"[7]16

　　面对经济处于下行周期、全球化受阻、西方右翼思潮崛起、城市化进程加剧、城市社会化分歧加剧等诸多挑战,中国的城市建筑实践仍然需要根据现实不断调整自己的问题意识。在这一系列挑战背后,正视建筑和规划的学科思维逻辑和方法上的独特性,重视社会人文学科与自然科学的区别,是推动城市建筑实践不至于徘徊不前、不至于成为权力附庸的首要之道。从这一点来说,新的专业伦理观或许应该是从工具理性中脱离出来、直面人性的实在需求,提炼自己的问题意识,回应社会真实需求。而实现这一切,既需要我们保持开放心态,不拒绝新工具的应用,同时要在实践和研究中保持人本主义初心。这一过程将会经历多次反复和失败,最终变成一场修行过程。

## 注 释：

[1] www.gov.cn/zhengce/content/2019-01/02/content_5354222.htm

[2] 贝尔莱唐（Berre-l'Étang）是法国罗纳河口省的一个市镇，属于伊斯特雷区（Istres）。

[3] 勒阿弗尔（Le Havre），法国北部海滨城市，上诺曼底大区（Région Haute Normandie）滨海塞纳省（Seine Maritime）的一个副省会城市（Sous-Préfecture），是整个诺曼底地区人口最多的市镇。

[4] Henri Lefebvre. The production of space[M]. Oxford, UK: Blackwell Publishing, 1991.

[5] Rem Koolhaas. Preservation is overtaking us. With a supplement by Jorge Otero-Pailos[M]. New York: Columbia University Press, 2014.

[6] Dietmer Steiner. Die zukunft der architektur[J]. Arch+, 2017: 229.

[7] 赵鼎新. 社会科学研究的困境：从与自然科学的区别谈起 [J]. 社会学评论，2015（4）4.

# 参考文献

[1] 汤姆·阿弗麦特.图卢兹城区扩展,1961—1971,坎迪里斯－约西奇－伍兹 [J].建筑师,2011（152）：17.

[2] 莱昂·巴蒂斯塔·阿尔伯蒂.建筑论:阿尔伯蒂建筑十书 [M].王贵祥,译.北京:中国建筑工业出版社,2016.

[3] 汉娜·阿伦特.人的境况 [M].王寅丽,译.上海:上海人民出版社,2009.

[4] 贝岛桃代,黑田润三,塚本由晴.东京制造 [M].东京:鹿岛研究所出版会,2001.

[5] 瓦尔特·本雅明.机械复制时代的艺术品 [M].王才勇,译.北京:中国城市出版社,2001.

[6] 彼得·布鲁克.空的空间 [M].邢历,等,译.北京:中国戏剧出版社,1988.

[7] 陈嘉映.何谓良好生活:行之于途而应于心 [M].上海:上海文艺出版社,2015.

[8] 约格·德尔施密特.收缩心态 [M] // 菲利普·奥斯瓦尔特.收缩城市.胡恒,史永高,诸葛净,译.上海:同济大学出版社,2012: 252-257.

[9] 迈克尔·海斯.批判性建筑:在文化和形式之间 [J].吴洪德,译.时代建筑,2008 (01):116-121.

[10] 大卫·哈维.巴黎城记:现代性之都的诞生 [M].黄煜文,译.桂林:广西师范大学出版社,2010.

[11] 阿思特丽德·赫波德.空间先锋:与城市和区域研究者伍尔夫·马蒂森的对话 [M] // 菲利普·奥斯瓦尔特.收缩的城市.胡恒,史永高,诸葛净,译.上海:同济大学出版社,2012:358-364.

[12] 约翰·布林克霍夫·杰克逊.发现乡土景观 [M].俞孔坚,等,译.北京:商务印书馆,2016.

[13] 勒·柯布西耶.光辉城市 [M].金秋野,王又佳,译.北京:中国建筑工业出版社,2010.

[14] 戴维·莱瑟巴罗.景观是建筑? [M] // 加雷斯·多尔蒂,查尔斯·瓦尔德海姆.何谓景观?——景观本质探源.陈崇贤,夏宇,译.北京:中国建筑工业出版社,2019: 240-247.

[15] 李斯特,妮娜·玛丽.景观是生态? [M] // 加雷斯·多尔蒂,查尔斯·瓦尔德海姆.何谓景观?——景观本质探源.陈崇贤,夏宇,译.北京:中国建筑工业出版社,2019:79-95.

[16] 陆谷孙.英汉大词典（第二版）[M].上海:上海译文出版社,2006.

[17] 柯林·罗,弗瑞德·科特.拼贴城市 [M].童明,译.北京:中国建筑工业出版社,2003.

[18] 阿尔多·罗西.城市建筑学 [M].黄士钧,译.北京:中国建筑工业出版社,2006.

[19] 刘易斯·芒福德.城市发展史:起源、演变和前景 [M].宋俊岭,倪文彦,译.北京:中国建筑工业出版社,2004.

[20] 刘易斯·芒福德.城市是什么? [M] // 许纪霖.帝国、都市与现代性.南京:江苏人民出版社,2006: 191-198.

[21] 理查德·桑内特.公共人的衰落 [M].李继宏,译.上海:上海译文出版社,2008.

[22] 孙筱祥.风景园林（Landscape Architecture）:从造园术、造园艺术、风景造园到风景园林、地球表层规划 [J].中国园林.2002(4): 7-12.

[23] 孙筱祥.国际现代 Landscape Architecture 和 Landscape Planning 学科与专业"正名"问题 [J].风景园林,2005(3):12-14.

[24] 路易斯·沃斯.作为一种生活方式的都市生活 [J].赵宝海,魏霞,译.都市文化研究,2007(1): 2-18.

[25] 卡米诺·西特.城市建设艺术 [M].仲德昆,译.南京:江苏凤凰科学技术出版社,2017.

[26] 杨舢.氛围的原理与建筑氛围的构建 [J].建筑师,2016(181): 62.

[27] 张翔.财产权的社会义务 [J].中国社会科学,2012(9): 100-119.

[28] 赵鼎新.社会科学研究的困境:从与自然科学的区别谈起 [J].社会学评论,2015(4): 3-18.

[29] 赵晶,刘通.园林历史中的景观规划理念与实践初探,以德绍·沃尔利茨园林王国为例 [J].风景园林,2013(05):98-102.

[30] 乌尔·维拉赫. 景观是造园？ [M]// 加雷斯·多尔蒂，查尔斯·瓦尔德海姆. 何谓景观？——景观本质探源. 陈崇贤，夏宇，译. 北京：中国建筑工业出版社，2019: 61-78.

[31] 雷蒙·威廉斯. 关键词 [M]. 刘建基，译. 北京：生活·读书·新知三联书店，2005.

[32] Akpinar I, L. Seidl. Glossar bodenpolitik [J]. Archplus, 2018, 231:42-45.

[33] Bahrdt, H. P. Die moderne großstadt: soziologische uberlegungen zum städtebau[M]. U. Herlyn ed. Opladen: Lesk+Budrich, 1998.

[34] Baudrillard J. Truth or radicality? the future of architecture[M] // S. Redhead ed. The Jean Baudrillard Reader[M]. New York: Columbia University Press, 2008.

[35] Bayerische verwaltung der staatlichen schlösser, gärten und seen [EB/OL].

[36] Benjamin W. The arcades project[M]. H. Eiland and K. Mclaughlin Trans. Cambridge, Massachusetts: Harvard University Press, 1999.

[37] Böhme G. Aisthetik: vorlesungen über asthetik als allgemeine wahrnehmungslehre[M]. München: Wilhelm Fink Verlag, 2001.

[38] Borret K. The "Void" as a productive concept for urban public space[M] // GUST. ed. The Urban Condition[M]. Rotterdam: 010 Publishers, 1999: 236-251.

[39] Borret K. Mehr cité, weniger ville! [J]. Satdt Bauwelt, 2019, 221 (6): 26-27.

[40] Christiannse K. Meine definition von urban design und städtebau [J]. Satdt Bauwelt, 2019, 221 (6): 24-25.

[41] Brandlhuber A. N. Kuhnert A. Ngo. Eine neue Ethik des Heterogenen [J]. ARCH+, 2018, 233 (78): 13.

[42] Burgdorff F. Das gemeinwohl – ein altes fundament für neue entwicklungen [J]. Bauwelt, 2016, 24: 16-21.

[43] Debord G. The society of the spectacle [M]. Donald Nocholson-Smith tran. New York: Zone Books, 1995.

[44] Douglas M, R. U. Hinkel. Atmospheres and occasions of informal urban practice[J]. Architectural Theory Review, 2011, 16 (3): 265.

[45] Eco U. Einführung in die semiotik[M]. München: GRIN Verlag, 1972.

[46] Ernst Basler und Partner AG, Zürich. Langfristige siedlungsentwicklung - konzeptgutachten [R]. 2013.

[47] Eurostate, Europäische Kommission, Kleilein D., F. Meyer. Exil europa [J]. Bauwelt, 2016, 41: 16-17.

[48] Fischer-Lichte E. Ästhetik des performativen[M]. Frankfurt am Main: Suhrkamp, 2004.

[49] Fils A. Das centre pompidou in paris: idee-baugeschichte-funktion[M]. München: Heinz Moos Verlag, 1980.

[50] Flagner B. Was machen eigentlich kollektive [J]. Bauwelt, 2018, 16: 40-47.

[51] Frey D. Kunstwissenschaftliche grundfragen: prolegomena zu einer kunstphilosophie[M]. Darmstadt: Wissenschaftliche Buchgesellschaft, 1972.

[52] Frhr. von Freyberg P. Der englische garten in münchen[M]. München: Alois Knürr, 2000.

[53] Frick D. Theorie des städtebaus: zur baulich-räumlichen organisation von stadt[M]. Berlin: Ernst Wasmuth Verlag Tübingen, 2006.

[54] Geipel K, K. Klingbeil. Guter unterricht bewirkt offenbarungen [J]. Satdt Bauwelt, 2019, 221 (6): 1.

[55] Geipel K. Teaching the city — ist die lehre der stadt an den hochschulen der stadt an den hochschulen noch zeitgemäß? [J]. Stadt Bauwelt, 2019, 221 (6): 32-43.

[56] Geipel K. Stadt iehren, aber wie? [J]. Stadt Bauwelt, 2019, 221 (6): 16-17.

[57] George R. V. A procedural explanation for contemporary urban design [J]. Journal of Urban Design, 1997, 2(2): 143-161.

[58] Gribat N. Alternative gestaltungsansätze in der lehre von städtebau und urban design [J]. Stadt Bauwelt, 2019, 221 (6): 18-23.

[59] Gruber S, A. Ngo. Die umkämpften felder des gemeinschaffens [J]. ARCH+, 2018, 232: 4-5.

[60] GUST. Chapter two: community / section three: recent transformation of urban public space [M]// GUST ed. The urban condition: space, community, and self in the contemporary metropolis[M]. Rotterdam: 010 Publishers, 1999: 57-106.

[61] Halbwachs M. Das kollektive gedächtnis [M]. Stuttgart: Ferdinand enke verlag, 1967.

[62] Halbwachs M. The collective memory[M]. New York: Harper & Row, 1980.

[63] Lampugnani Vittorio Magnago. Die stadt im 20. jahrhundert: visionen, entwürfe, gebautes (band I)[M]. Berlin: Verlag Klaus Wagenbach, 2010.

[64] Gustave Caillebotte, La Réunion des musé's nationaux, ed. [M]. Paris, 1994.

[65] Janson A, F. Tiggers. Fundamental concepts of architecture: the vocabulary of spatial situations[M]. Basel: Birkhäuser, 2014.

[66] Kleilein D. Sofortprogramm leichtbauhallen: notunterkunft max-pröbstl-straße, münchen [J]. Bauwelt, 2015, 48: 46-47.

[67] Koolhaas R. Preservation is overtaking us. with a supplement by jorge otero-pailos[M]. New York: Columbia University Press, 2014.

[68] Kühn W. Die stadt als sammlung[M] // A. Lepik ed. O. M. Ungers – Kosmos der architektur[M]. Ostfidern, 2006.

[69] Kühn W. Die stadt in der stadt[J]. ARCH+ 2007, 183: 51.

[70] Hugentobler M. Gespräch partizipation: partizipation führt zu identifikation[M] // M. Hugentobler, A. Hofer, P. Simmendinger. Mehr als wohnen: genossenschaftlich planen – ein modellfall aus zürich[M]. Basel: Birkhäuser, 2016.

[71] Lefebvre H. The production of space[M]. Oxford: Blackwell, 1991.

[72] Lepik A. Think global, build social![J]. ARCH+, 2013, 211-212: 5.

[73] MacLean A. Über den dächern von New York[M]. München: Schirmer/Mosel, 2012.

[74] Merk, E. K. Geipel. Riem und ackermannbogen würden heute wohl dichter bebaut [J]. Bauwelt, 2012, 36: 23-26.

[75] Mumford E. The CIAM discourse on urbanism[M]. Cambridge, Massachusetts: The MIT Press, 2000.

[76] Müller Sigrist Architekten. KALKBREITE soziale mitverantwortung auf der ebene des wohnblocke übernehmen [J]. ARCH+, 2018, 232:140-145.

[77] ierdinger W. L'Architecture engagée: manifeste zur veränderung der gesellschaft[M]. München: Architekturmuseum der TUM, 2012.

[78] Oswald P. Kann gestaltung gesellschaft verändern? [J]. ARCH+, 2016, 222: 5-7.

[79] Paans O. and R. Pasel. Situational urbanism: directing postwar urbanity[M]. Berlin: Jovis Verlag, 2014.

[80] Pérez-Gómez A. Architecture and the crisis of modern science[M]. Cambridge, Massachusetts: The MIT Press, 1983.

[81] Petrescu D. C. Petcou & C. Baibarac. Co-producing commons-based resilience: lessons from R-Urban[J] . Building Reseach & Information, 2016, 44(7): 717-736.

[82] Prominski M. Landschaft entwerfen: zur theorie aktueller landschaftsarchitektur [M]. Berlin: Dietrich Reimer Verlag, 2004.

[83] Pundt H. G. K. F. Schinkel's environmental planning of central berlin [J]. Journal of the Society of Architectural Historians, 1967, 05:114-130.

[84] Pundt H. G. Schinkels berlin[M]. Frankfurt am Main: Propyläen Verlag, 1981.

[85] Rädlinger C. Geschichte der isar in münchen[M]. München: Franz Schiermeier Verlag, 2012.

[86] Rädlinger C. Neues leben für die Isar: von der regulierung zur renaturierung der Isar in münchen[M]. München: Franz Schiermeier Verlag, 2011.

[87] Ranciére J. The politics of aesthetics[M]. New York: Continuum, 2004.

[88] Ranciére J. Aesthetics and its discontents[M]. Cambridge, UK: Polity Press, 2009.

[89] Ranciére J. The emancipated spectator[M]. Gregory Elliott, Tran. New York: Verso, 2009.

[90] Ranciére J. Dissensus: on politics and aesthetics[M]. New York: Continuum, 2010.

[91] Rave P. O. Berlin-Erster Teil-Bauten für die kunst; kirchen; denkamalpflege-reihe: karl friedrich schinkel. lebenswerk[M]. Berlin: Deutscher Kunstverlag, 1981.

[92] Referat für Stadtplanung und Bauordnung, München. Die sozialgerechte bodennutzung – der münchner weg [R]. 2009.

[93] Referat für Stadtplanung und Bauordnung. Perspektiven für den olympiapark münchen: landschafts- und stadtplanerische rahmenplanung[R]. 2011.

[94] Referat für Stadtplanung und Bauordnung, München. Wohnungsbauatlas für münchen und die region [R]. 2016.

[95] Referat für Stadtplanung und Bauordnung. Olympiapark: ein rundgang – a tour through olympiapark[R]. 2016.

[96] Referat für Stadtplanung und Bauordnung, München. Bericht zur wohnungssituation in münchen 2014-2015 [R]. 2016: 91.

[97] Referat für Stadtplanung und Bauordnung, München. Erhaltungssatzungen in münchen: 30 jahre milieuschutz (1987-2017) [R]. 2017.

[98] Referat für Stadtplanung und Bauordnung, München. "Wohnungspolitisches handlungsprogramm - ‚wohnen in münchen VI 2017-2021"[R]. 2017.

[99] Referat für Arbeit und Wirtschaft, München. Munich annual economic report"[R]. 2017: 7.

[100] Reiß-Schmidt S. München – viel geleistet, teuer geblieben [J]. Bauwelt, 2018, 6:34-46.

[101] Rowe C, F. Koetter. Collage city. basel.boston. [M]Berlin: Birkhäuser Verlag, 1997.

[102] Schindler S. Genossenschaft kalkbreite in zürich[J]. Bauwelt, 2014, 39: 24-31.

[103] Severin B. et al. Debatte zur kölner erklärung[J]. Bauwelt, 2014, 42: 8-16.

[104] Sitt M, P. Biesboer ed. Jacob van ruisdael: die revolution der landschaft [M]. Zwolle: Uitgeverij Waanders B. V., 2002: 119.

[105] Steiner D. The design-build movement[J]. ARCH+, 2013, 211-212: 152-155.

[106] Steiner D. Die zukunft der architektur[J]. ARCH+, 2017, 229: 88-91.

[107] Stellmacher M. Erbaurecht[J]. Bauwelt 2016, 24: 29.

[108] Steinhauser M. Die architektur der pariser oper[M]. München: Prestel-Verlag, 1969.

[109] Spruth D, N. Tajeri. Zeitleiste / Timeline [J]. ARCH+, 2013, 211-212: 116-121.

[110] Team R. M. and D. V. D. Heuvel. Team 10 1953-81: in search of a utopia of the present[M]. Rotterdam: NAi Publishers, 2005.

[111] Thiel F. Das bodenrecht in der bundesrepublik: alles schon mal debattiert? [J]. Bauwelt, 2018, 6:48-53.

[112] Van den Burg L. ed. Urban analysis guidebook: typomorphology[M]. Delft: Delft University of Technology, 2004.

[113] Van Eyck A. Versuch, die medizin der reziprozität darzustellen [M]//G. Bruyn, S. Trüby ed. Architektur_theorie.doc.texte seit 1960[M]. Basel, Boston, Berlin: Birkhäuser, 1960.

[114] Weissmüller, L. Luxusstraßenköter[N]. Sueddeutsche Zeitung, 2018-08-24.

[115] Wendel K. Architektur der abschreckung[J]. Bauwelt, 2015, 48: 20-23.

[116] Wilke H, U. Kriese. Den markt steuern[J]. Bauwelt, 2018, 6:23-27.

[117] Wolfrum S, A. Janson. Architektur der stadt[M]. Stuttgart: Kraemerverlag, 2016.